"十三五"国家重点出版物规划项目

邓莉文 著

漆艺饰品设计与生产

Design&Production of Lacquer Art Accessories

湖南大学出版社

内容简介

《漆艺饰品设计与生产》从理论层面，对漆与漆艺饰品的概念、漆艺发展沿革、现代漆艺饰品种类及特征、漆艺饰品的应用价值进行了详尽细致的论述；从技术应用层面，全面系统地介绍了漆艺饰品制作与生产常用材料、常用工具、常用技法；从科学发展观的视角，诠释了漆艺饰品设计理念与方法；从实际应用层面，对漆艺饰品制作与生产步骤、室内空间中漆艺饰品应用设计予以了深入浅出的案例解说。

图书在版编目（CIP）数据

漆艺饰品设计与生产 / 邓莉文著. — 长沙：湖南大学出版社，2019.2
（室内陈设设计丛书）
ISBN 978-7-5667-1655-2

Ⅰ. ①漆… Ⅱ. ①邓… Ⅲ. ①室内装饰品-漆工-设计②室内装饰品-漆工-生产 Ⅳ. ①TS973.59

中国版本图书馆CIP数据核字（2018）第228943号

漆艺饰品设计与生产
QIYI SHIPIN SHEJI YU SHENGCHAN

著　　者：邓莉文　　责任校对：尚楠欣
责任编辑：胡建华　蔡京声　　责任印制：陈　燕
装帧设计：瓦鸥品牌
出版发行：湖南大学出版社
社　　址：湖南 · 长沙 · 岳麓山　　邮编：410082
电　　话：0731-88821691（发行部）88821251（编辑部）88821006（出版部）
传　　真：0731-88649312（发行部）88822264（总编室）
电子邮箱：hjhhncs@126.com
网　　址：http://www.shejisy.com　　印　　张：10
印　　装：湖南雅嘉彩色印刷有限公司　　字　　数：242千
开　　本：787×1092　1/16开
版　　次：2019年2月第1版　　印　　次：2019年2月第1次印刷
书　　号：ISBN 978-7-5667-1655-2
定　　价：58.00元

总序

离开自然谈生活，离开生活谈环境，离开环境谈产品，这些都是对设计的误解。

按照业内人士的理解，“软装”包括陈设品的布置规划和陈设品的设计制作。随着软装业的兴起，室内设计、室内装修、产品设计、装饰设计等先前还彼此分离的一些专业、专业领域已经融为一体。我们意识到：这不仅是设计概念理解上的进步，同时也是设计教育领域发展的一次契机。

于是，中南林业科技大学的同仁们试图以此为切入点，编写了室内陈设设计这套丛书，尝试融入与顺应“软装”业迅猛发展的趋势。

不回避建筑室内空间设计的背景，试图从室内空间规划、实用和审美功能的预期、环境规划和设计理想的实施来整体做一件事情，这些软装设计原理将是本系列教材的灵魂和核心。虽然是以整体的观点看待软装，但实施过程也还是具体的，存在着相对明确的分工：空间设计、陈设品配置计划、陈设品设计等。于是，此系列教材分为多册，涉及软装设计培训的整体和局部、基础和应用、规划和实施。其中，关于基础训练、基础理论、整体规划的相关书籍已经较多且水平较高了，我们只是出于保持教材的系统性的考虑而略抒己见，编写内容重点放在家具、饰品等产品的制作与配置上。尤其是饰品的设计与制作，以往将其均界定在工艺美术创作的范畴内，但如今，饰品已被大规模生产，成为一种工业化产品。设计师必须接受这种事实，并更好地融入到产业中去。因此，本套丛书用了较大的篇幅去探讨各类饰品的设计与制作。或许这将成为本套丛书的特色。

总之，一切都依赖时间的检验。我们这次的设计教育探索也是如此。相信会随着设计实践、设计产业的发展和深入，逐渐达至完善。

目录

PART 1

漆艺饰品概述

1.1 漆与漆艺饰品

“漆艺”，即漆工艺、漆艺术，是指以漆为主要媒材，通过特殊工艺技术，表现漆材料语言，传达艺术形态及审美的创作方法。传统漆艺之漆专指从漆树上割取下来的天然生漆。随着科学技术的不断进步，各种新材料、新工艺不断涌现，漆艺涂料从最早的在器物上使用天然漆发展到运用各类人工合成漆，漆艺之漆突破了天然生漆的局限，演变成了包含合成涂料的广义概念。以装饰为主要目的，在木、竹、麻藤、皮革、金属、陶瓷、布等胎骨之上，经漆艺材料与技术髹饰后，兼具实用性与欣赏性的产品，统称漆艺饰品。

漆之外还有许多构成漆艺饰品的材料，如螺钿、金银等媒材的介入，便出现了“螺钿镶嵌”“金银平脱”（金属镶嵌）、“莳绘”等工艺品种。由于其他材料的介入，“漆艺饰品”成为一种既有鲜明的界定性，又与其他学科密切相关的综合艺术形式。形态上，它有立体和平面两大类；功能上，它兼有实用性和欣赏性。“舜作食器，流漆墨其上”体现了漆的实用性；“禹作祭器，墨染其外，而朱画其内”，则体现了漆的审美价值。漆具有黏着性、防水性、耐高温、防腐性、耐久性、呈色性及装饰性等优秀特质，将其髹涂于木器、陶器等器物表面，可防止器物渗漏、腐朽，便于清洗，延长使用寿命等，因而被广泛应用于生活中的各个领域，如建筑、运输工具、劳动器具、生活器具、文房用品、娱乐用品等等。随着入漆材料的逐渐丰富，工艺技法的不断创新，实用功能之外，漆艺的装饰性、文化性得到开拓发展，使漆艺成为中国艺术史上的重要篇章。

1.2 漆艺发展沿革

1.2.1 原始社会

浙江余姚河姆渡文化遗址出土，距今已有七千多年历史的木胎朱漆碗和缠藤蔑朱漆筒，是世界上迄今为止发现得最早的漆器，标志着我国漆艺史的开篇。此外，常州好墩发现属于马家洪文化的喇叭形漆器皿；吴江团结村发现属于良渚文化的漆绘黑陶杯和黑陶罐等，其表面先施一层棕色漆，后用金黄、棕红色漆描绘双钩网纹；浙江余杭安溪乡瑶山九号墓出土的嵌玉高柄朱漆杯，共同印证了漆器文化的悠久历史。中国使用天然漆的最早记载是《韩非子》：“尧禅天下，虞舜受之，作为食器，斩山木而财之，削锯修之迹，流漆墨其上，输之于宫，以为食器，诸侯以为益侈，国之不服者十三。舜禅天下，而传之于禹，禹作祭器，墨染其外，而朱画其内。缦帛为茵，蒋席颇缘，觞酌有采，而樽俎有饰，此弥侈矣，而国之不服者三十三。……”（《韩非子·十过》，诸子百家丛书，上海古籍出版社，26 页，1989 年）说明漆应用范围从供奉的祭器，延展到少量日用器物，但只是作为一种奢侈品，限用于当时的贵族生活中。从遗存史料可知原始时期漆器材料技法方面的概貌：天然漆的黑色、褐色被最早利用，而后发展到以朱入漆并与黑漆搭配髹涂器物，此时亦出现以抽象几何纹样为主的漆绘纹饰器物及嵌玉漆器。胎体主要有木胎、陶胎、竹胎。原始社会时期的漆器还有江苏、山西、辽宁等地相继出土的为数不多的晚于河姆渡时期的漆器，主要器型有豆、鼓、盘、案、俎、匣、觚等。漆器彩绘的色彩也较为丰富，有红、黑、白、黄、蓝、绿、棕、金黄色等，以红、黑两色多见（如图 1-1、图 1-2）。

Note：

图 1-1 浙江余姚 河姆渡 朱漆碗

图 1-2 江苏吴江 良渚文化 漆绘黑陶罐

1.2.2 夏商西周

《尚书 · 禹贡》有载："兖州，厥贡漆、丝。豫州，厥贡漆、枲、絺、纻。"说明夏王朝时期，漆已被用作贡品朝贡。商时，绿松石、玉石镶嵌工艺及金箔工艺已用于漆器装饰，色漆也被大量使用。《周礼 · 考工记》内多次涉及髹漆，"考工"为中央一级手工业生产机构，可见，此时的漆已普遍存在于贵族生活中的各种器物中。位于北京琉璃河的西周燕国墓地，出土了一批漆器，有豆、觚、壶、罍、杯、盘、俎、彝、簋等，器型之丰富大大超过了商代，器物表面皆有彩绘。其中一件木胎彩绘金镶嵌漆瓤，表面镶嵌有金箔、绿松石，代表了商周漆艺的最高成就；另一件蚌片镶嵌工艺漆器，则为我国最早的嵌螺钿漆器。由上可知，夏商周漆器制作工艺已经达到相当高的水平，其除制作祭器、日用器具外，还开始在一些车马、兵器上髹漆装饰。装饰纹饰有类似于青铜器纹饰的饕餮纹、云雷纹、夔龙纹，还有些抽象纹样和几何纹样，整体展现威严狰狞的装饰风格（如图 1-3、图 1-4）。

图 1-3 北京琉璃河 西周 燕国墓地螺钿漆器

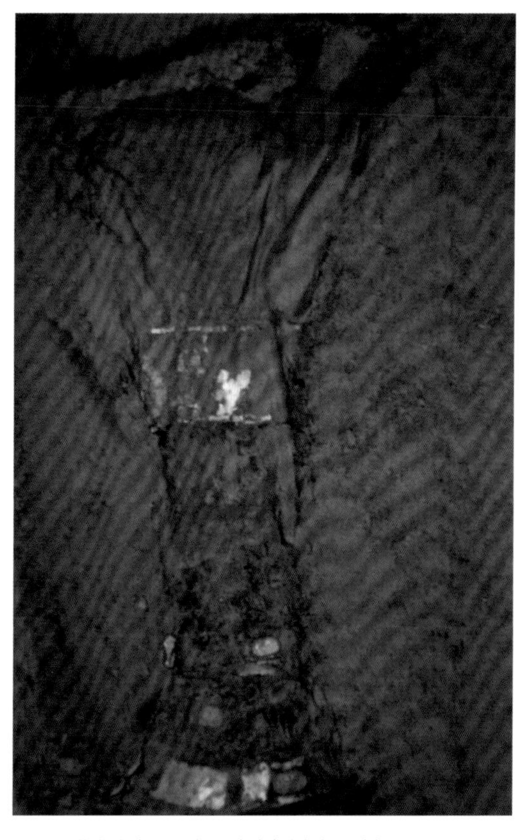

图 1-4 北京琉璃河 西商 彩绘贴金嵌绿松石漆觚

1.2.3 春秋战国

春秋战国是中国漆器的第一个繁荣期，中国多地春秋战国时期遗址中，均有漆器被发掘出土，数量品种之多、工艺之巧、文饰之精美远胜前代，对后世漆艺的影响巨大。战国时期已经有了专门培植漆树的园圃，据《史记》记载，庄周曾为漆园吏。漆工的管理也具有了一定的规模和组织，内部分工细致，说明漆器制造业已相当发达，社会生产生活中对漆器有着广泛的需求。春秋战国时期最常见的漆器是日常生活用品，其次是兵器和乐器。装饰纹样，既延承青铜器的纹样形式，又有所发展，纹饰包括动物纹、植物纹、自然景象纹、几何纹、社会生活纹等，总体装饰风格向着舒展流畅、自由奔放演变。装饰技法繁多，植物油调色漆的彩绘技术此时已达到相当高的水平，以锥形工具在漆面上刻划装饰性线条是具代表性的漆饰技法，彩绘与锥刻是当时两种普遍运用的工艺。装饰用色也较多，但绝大多数漆器还是以黑、红两色为主，另有黄、蓝、翠绿、褐、白、金、银、银灰等色的使用。漆器胎底材质以木为主，另有皮、竹、铜、陶、骨、角等胎骨的漆器。中期出现了夹纻胎和薄木胎的雏形，晚期漆器嵌金属工艺出现。楚国漆器是战国这一历史时期最具代表性的器物。如湖北出土的一批鸟兽形漆器，造型奇异，装饰性强，色彩浓丽，极具浪漫神秘的楚文化气息（如图 1-5～图 1-8）。

图 1-5 湖北随县 战国 曾侯乙墓二十八星宿图漆衣箱

图 1-6 湖北随县 战国 曾侯乙墓彩绘乐舞鸳鸯形盒

图 1-7 湖北荆州 战国 彩绘凤鸟形漆豆

图 1-8 湖北九连墩 战国中晚期 漆木樽

1.2.4 秦汉

秦以后，政治的相对稳定，给经济、文化的发展提供了良好的社会环境。《史记》记载："陈夏千亩漆，……此其人皆与千户侯等"，说明政府对生漆和漆器生产的重视。此时官营工坊和私营作坊并存，漆器制作已具有相当规模。《汉书·贡禹传》记载："蜀广汉主金银器，岁各用五百万。三工官费五千万"，揭示了官营工坊管理制度分工细化，以及生产规模的庞大。漆器的大规模生产，也为漆艺文化留下了丰富的物质见证，文物出土几乎遍布全国，如湖南长沙、河南洛阳、贵州清镇、四川成都、甘肃兰州等地。这一时期，漆器已发展成为人们日常生活中的必需品，漆艺家具更是一枝独秀，成为家具的主流种类。其中漆案、漆几、漆屏等家具种类，都是汉代漆艺家具发展状况的重要历史见证。如马王堆三号墓出土的漆几结构新颖，可根据需要自由调节组装，整体髹涂黑漆，彩绘纹饰；马王堆一号墓出土的双层九子漆奁，漆器表面涂黑褐色漆，再在漆上贴金箔，金箔上施油彩绘，盖顶、周边和上下层的外壁、口檐内以及盖内和上层中间隔板上下两面的中心部分均以金、白、红三色油彩绘云气纹，其余部分涂红漆。秦代漆器装饰恢宏大气，汉代漆器装饰简明流畅。秦汉时期的装饰工艺在战国漆艺基础上有所创新：彩绘工艺，从之前平涂为主的彩绘装饰技法，发展为彩绘线描；在针刻技法的基础上，初创锥画工艺；堆漆工艺得到进一步的发展，纹样装饰呈现饱满的立体效果；填彩、施金与镶嵌也是当时常用的装饰技法。装饰纹样上，除了流云纹、漩涡纹、变形蟠璃、菱格和飞禽走兽等纹样外，开始出现传达现实生活以及宣扬儒家文化等题材的纹样。总体漆器纹样舒展活泼、充满活力、自然流畅（如图 1-9 ~ 图 1-12）。

图 1-9 湖北云梦 秦 彩绘凤形漆勺

图 1-10 长沙马王堆 西汉 双层六子锥画漆妆奁

图 1-11 长沙马王堆 西汉 云纹漆耳杯

图 1-12 湖北 西汉 彩绘漆豕口形双耳长盒盖

1.2.5 东汉至隋唐五代

东汉至隋唐五代这一历史时期中，由于陶瓷技术提高，漆器的社会经济地位降低，迄今发现的此时期漆器遗存较少，但据文献记载，漆工艺仍在建筑构件、交通工具、日用器具中广泛使用。东汉至魏晋南北朝时期，装饰纹样题材以人物故事为主，呈现清秀淡雅的装饰风格。装饰工艺方面多种技法综合运用，工艺和材料上有很多创新，出现了犀皮装饰技法以及对密陀僧的利用，同时漆器的地涂漆有了新的突破，采用一种较为深沉的绿色漆，把它作为漆器的底色。据《笔径》记载，东晋王羲之，就十分喜爱朋友赠送的绿沉漆竹管毛笔。两晋南北朝时期，缘于佛教的盛行，夹纻胎兴起。隋唐时期，漆工艺上又有新进展，金银“平脱”是具有代表性的、盛行的一种漆器装饰手法，此时嵌螺钿工艺也得到发展。此外，唐代还发明了雕漆工艺，又称剔红或雕红漆。黄成《髹饰录》中记载：“唐制多印版刻平锦朱色，雕法古拙可赏，复有陷地黄锦者”，说明此时的雕漆工艺初现端倪，雕刻技法还比较单一。装饰纹样题材，以花鸟、人物、风景等具有现实生活特点的题材为主，具有写实风韵。装饰风格上，呈现富丽堂皇、雍容华贵的特征（如图 1-13 ~ 图 1-16）。

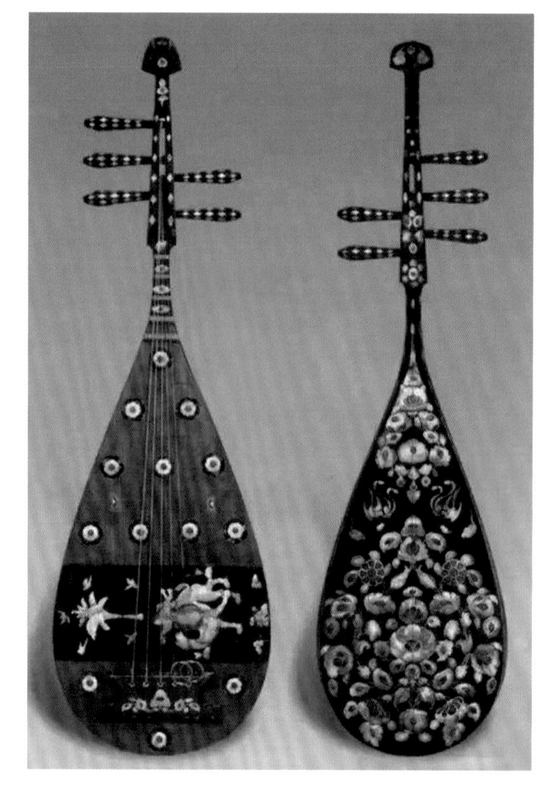

图 1-14 奈良正仓院藏 唐代 五弦琵琶孤品

图 1-13 北京历史博物馆 唐代 羽人飞凤花鸟纹金银平脱漆背铜镜

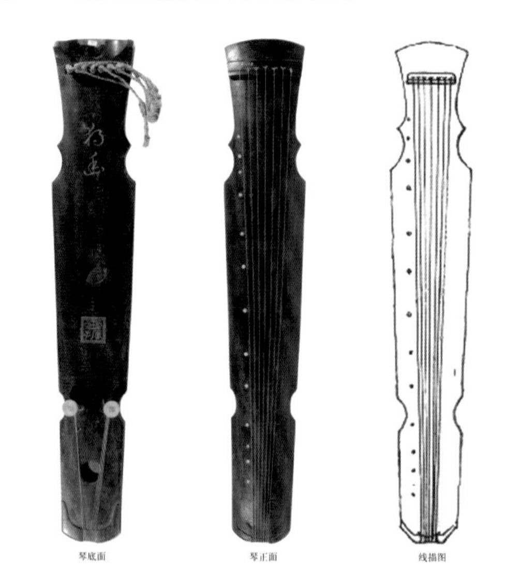

图 1-15 湖南博物馆 唐代 独幽琴

Note：

图 1-16 唐代 金银平脱鸳鸯唐草纹漆粉盒

Note：

1.2.6 宋元

宋元时期，是漆器工艺的第二个繁盛期，无论是制漆技术还是装饰工艺都逐渐成熟，走向漆艺的又一个高峰。此时漆器生产规模很大，无论是官作还是民作都有庞大的生产机构，且制作精致考究。民间漆器高雅古朴，清秀自然，与官作的繁复装饰形成鲜明对比，大大丰富了漆艺文化的表现语言。生漆的制作有新突破，在密陀僧兑漆的基础上，创造了推光漆精致技术与髹涂抛光技术。木制胎体的制作上，创新出“圈叠法”，使各种器型的塑造更加便捷。元代的制漆技术在宋的基础上，更加成熟，所制品种齐全，这一时期文物遗存也比较丰富，为现代发展漆艺文化留下重要参考。宋元的装饰工艺各种技法都日臻完善，具有考究但不张扬、清新自然的风格特色。宋代的工艺主要有雕漆、素髹、戗金、犀皮、螺钿等，其中雕漆和素髹是宋代漆工艺发展的最高成就，制作精致典雅，极尽天工奇巧。总而言之，素髹工艺，精致秀雅，饰简意深；戗金工艺，简洁洗练，制作精美；螺钿工艺，薄目精细；雕漆工艺，艺臻绝诣，雕漆被推向了顶峰，成为后世髹饰中夺目的奇葩（如图 1-17 ~ 图 1-22）。

图 1-17 宋代 黑漆葵花式盘

图 1-18 宋代 红地黑漆炝金葵口盘

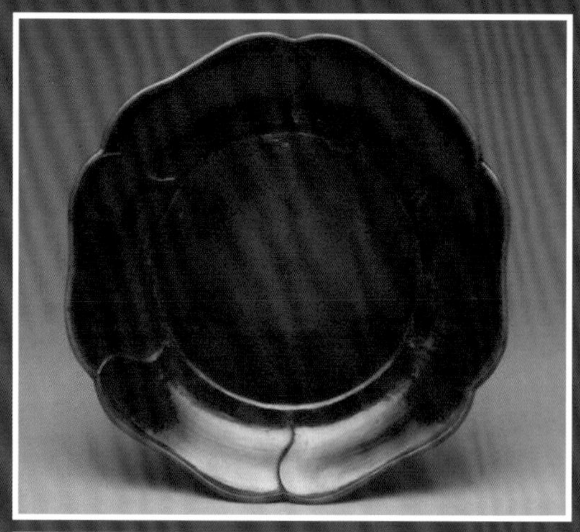

图 1-19 南宋 花边抹金葵口盘

图 1-20 元 剔犀如纹云盏托

Note：

图 1-21 元 张成剔红

图 1-22 元 剔红牡丹尾长鸟丸形盘

1.2.7 明清

明清时期，社会政治稳定，商品经济繁荣，社会生产力得到一定程度的解放，手工业生产逐渐专业化，生产规模不断扩大，产量增加，明、清的生活漆器更是相当普及，大到床、轿、舟、车，小到杯、盘、盅、碟，生活的衣食住行用，无不与漆有缘。明代黄成编写的《髹饰录》中将漆器分为 14 大类、101 个品种，全国各地技法、风格也有明显不同，迎来了漆艺文化千文万华的繁盛时代。明清时期的漆器有刀凿针挑的痕迹，各式镶嵌材料珠光宝气，极尽精雕细凿之能事。此时期的漆装饰工艺在相互结合的基础上不断创新，使表现形式更加变化多样，主要品种有雕漆、戗金彩漆、戗金漆、描金漆、填漆、螺钿漆、百宝嵌、款彩漆等，所用装饰题材广泛，人物、花鸟、名胜无所不尽，总体呈现精致、繁复、奢靡的风格特点（如图 1-23 ~ 图 1-31）。

图 1-23 明初 剔红云螭龙献瑞纹盘

图 1-25 明朝 螺钿掐丝莲瓣纹盖盒

图 1-24 明初 剔红葵花型荔枝花卉蜻蜓纹三重盒

图 1-26 明代永乐 牡丹花卉漆盒

图 1-27 明嘉靖 戗金彩绿漆赛龙舟荷叶式盘

图 1-28 清乾隆 剔红西番莲托八宝吉祥纹高足杯

图 1-29 清乾隆 剔红嵌八吉祥寿字纹宝盒

图 1-30 清乾隆 剔红雕山水人物故事长方提匣

图 1-31 北京故宫 清代 黑漆描金莲蝠纹梅花式盘

Note：

1.2.8 近现代

19 世纪，漆艺大都在传统的轨迹上运转，此时的漆艺名家李芝卿、沈福文等为漆艺技法的开拓创新作出了贡献。李芝卿先生创造性制作变涂百幅技法，极大地丰富了“变涂”语言。改革开放以后，漆画和纯观赏性漆工艺品的创新和发展比较迅速，现代漆画技法融汇国、油、版、水彩等艺术手法进行创新。随着现代科学技术的不断发展，新材料、新技术、新设备被应用于漆艺制作中，如合成漆、合成玉石、合成金属等，为现代漆艺效果的创造提供了便利和奠定了坚实的基础。

现代漆艺工艺主要分布于北京、江苏扬州、福建福州、上海、山西平遥、重庆、贵州大方、甘肃天水、江西、陕西等地。北京的雕漆富丽华贵，扬州的螺钿、百宝嵌漆器精美绚丽，福州的脱胎漆器轻巧光洁、色彩华丽，平遥推光彩绘漆器装饰精美写实。除北京、扬州、福州、平遥外，还有四川研磨绘制漆器、厦门漆线装饰、天水的雕填等，都各有不同的艺术特色（如图 1-32 ~ 图 1-35）。

图 1-32 北京雕漆

图 1-34 扬州漆器厂漆器

图 1-33 福建脱胎漆器

图 1-35 平遥推光漆器缠链枝

Note：

表 1–1 漆艺饰品历史沿革简表

时间 Period	功能 Function	艺术特征 Artistic Characteristics	材料与技法 Materials and techniques	代表作品 Illustrating Picture
远古时期	·礼器、生活器具、娱乐用具、丧葬用具 ·主要器型有：碗、杯、盘、罐、豆、鼓、案、俎、匜、觚等	·稚拙的造型与装饰 ·以红、黑二色单色漆或两色搭配修饰器物为多 ·装饰纹样简约抽象 ·实用功能大于审美意义	·技法：素绘、彩绘、镶嵌、雕刻 ·胎体材料：木、陶、竹 ·漆材：天然漆，天然矿物颜料－朱砂、赭石、石黄、石青、石绿等 ·镶嵌材料：玉	浙江余姚河姆渡文化遗址木胎朱漆碗和缠藤篾朱漆筒；浙江余杭安溪乡瑶山九号墓出土的嵌玉高柄朱漆杯
夏商西周	除礼器、生活器具、娱乐用具、丧葬用具外，还开始在一些车马、兵器上髹漆饰	·装饰风格整体展现为威严狰狞 ·纹样多为类似于青铜器纹饰的饕餮纹、云雷纹、夔龙纹、蕉叶纹、圆涡纹、凤鸟纹、兽面纹及抽象纹样和几何纹样等	·技法：素绘、彩绘、镶嵌、雕刻、金箔工艺 ·胎体材料：以木胎为主，出现漆髹皮革 ·镶嵌材料：石片、蚌片、蚌泡、螺钿、绿松石、玉石、金箔、兽牙	北京琉璃河兽面凤鸟纹嵌螺钿漆
春秋战国	最常见的漆器是日常生活用品，其次是兵器和乐器	·装饰风格向着舒展流畅、自由奔放演变 ·装饰纹样：点纹、目纹、涡纹 ·装饰用色以黑、红为主，另有黄、蓝、翠绿、褐、白、金、银、银灰等色的使用	·技法：彩绘与锥刻是具代表性的漆饰技法 ·胎体材料：漆器胎底材质以木为主，中期出现夹纻胎和薄木胎雏形，晚期嵌金属出现	湖北荆州、随县、云梦等地战国漆器
秦汉	日常生活用具广泛使用，漆艺家具成为家具种类的主流	·秦代漆器恢宏大气，汉代漆器简明流畅 ·装饰纹样：流云纹、漩涡纹、变形蟠璃、菱格和飞禽走兽等纹样 ·开始出现了传达现实生活以及宣扬儒家文化、神仙故事等题材的纹样	技法：以平涂为主的彩绘装饰技法，发展为彩绘线描；针刻技法的基础上初创锥画工艺；堆漆工艺得到进一步的发展，填彩、施金与镶嵌为常用装饰技法	马王堆墓出土的漆器
东汉至隋唐五代	建筑构件、交通工具、日用器具中广泛使用	·东汉至魏晋南北朝时期，呈现清秀淡雅的装饰风格。装饰纹样题材以人物故事为主 ·两晋南北朝时期具有写实风韵。装饰风格上，呈现富丽堂皇，雍容华贵的特征。装饰纹样题材，以花鸟、人物、风景等题材为主	技法：犀皮漆出现，开始对密陀僧的利用；地涂漆新突破，采用较为深沉的绿色漆为底色；两晋南北朝时期夹纻胎兴起；隋唐时期，“金银平脱”漆器盛行；唐代发明雕漆工艺，又称剔红或雕红漆	唐代金银平脱漆器
宋元	日用生活漆器普及	·宋元漆器考究但不张扬，呈清新自然的风格特色 民间漆器高雅古朴、清秀自然，官作漆器装饰繁复	·创造推光漆精致技术与髹涂抛光技术 ·木制胎体制作上，创新出“圈叠法” ·宋代的工艺主要有雕漆、素髹、戗金、犀皮、螺钿等工艺，其中雕漆和素髹是宋代漆工艺发展的最高成就，雕漆工艺，被推向了顶峰	宋代素髹漆器，元代张成、杨茂剔红漆器作品
明清	日用生活漆器普及	·总体呈现精致、繁复、奢靡的风格特点 ·装饰题材广泛，人物、花鸟、动物、山水名胜无所不尽	主要品种有雕漆、戗金彩漆、戗金漆、描金漆、填漆、螺钿漆、百宝嵌、款彩漆等	明代戗金彩漆
近现代	漆画发展迅速；漆艺装饰功能大于使用功能	·现当代艺术审美观念对漆艺产生极大影响，呈现多样化面貌	技法：现代漆画技法融汇国、油、版、水彩等艺术手法进行创新。新材料、新技术、新设备应用于漆艺制作	北京雕漆，扬州螺钿，百宝嵌漆器，福州脱胎漆器，平遥推光彩绘漆器

1.3 现代漆艺饰品种类及其特征

目前发现最早的漆器是具功能性的漆碗，但纵观漆艺技术与材料发展史，不难发现，即使是功能性漆艺用品也从来没有离开过装饰的目的，也就是说功能性漆艺用品是集功能与装饰为一体的饰品。现代漆艺饰品涉及面广泛，可归纳为两大类，功能性漆艺饰品，如：家具、灯具、食具、文房用品等；装饰性漆艺饰品，如：摆件、壁饰、首饰等。本书关注的重点是室内环境空间中的漆艺饰品，故下文将以室内环境空间中的漆艺饰品为例来阐述。

1.3.1 功能性漆艺饰品

① 家具。家具是室内环境空间中最为常见的漆艺载体，是家居空间中面积最大的器物，对于营造室内意境有决定性作用，是室内氛围构建的主体。漆具有保护家具胎底的功用，作为饰品的漆艺家具更应重视观赏性，因而漆艺家具的色彩、纹样、技法，着漆位置、面积、形状都应合乎整体空间的需求。市面上漆艺家具分两类：

普通漆家具。一般通体髹素色漆，在形制材料不变的情况下，可通过调换髹漆色彩、装饰纹样、装饰材料等达到改变家具面貌的目的，视觉效果较纯粹，适合批量化生产。此类漆饰家具若突出材质底纹的，效果质朴、自然；厚涂色彩的，则会因为色彩自身视觉刺激，带来或张扬或沉稳等效果。

艺术性漆艺家具。可选择一种或多种材料与漆艺结合，造型、色彩、纹样、技法上都应强调文化性、艺术性，或整体髹漆或局部着漆，适合单体个性化生产。这类家具由于艺术手法的多样，视觉层次也会较丰富，适合细细品味，在空间内不宜摆放过多，在空间节点位置少量摆放为宜（如图 1-36 ~ 图 1-40）。

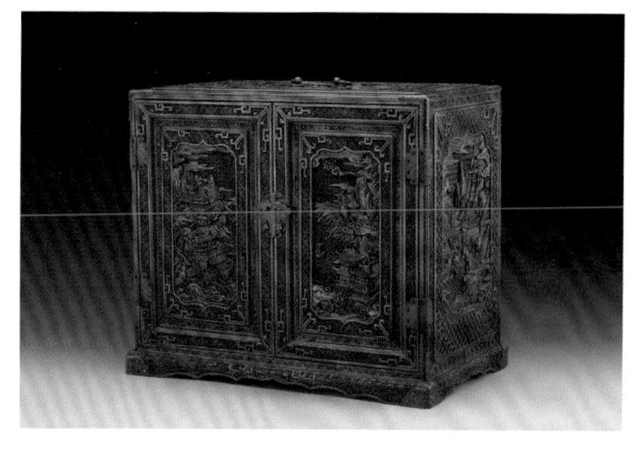

图 1-36 雕漆家具

图 1-37 箔彩绘漆艺家具

Note：

图 1-38 彩绘漆艺家具

图 1-39 石嵌漆艺家具

图 1-40 漆器餐边柜

② 灯具。漆艺在灯具上的使用主要是为了提升审美价值，市面上的漆艺灯具多以木材、金属为胎，红、黑色为主基调，体现出深厚的东方风采以及鲜明的民族性，以批量化生产为主，这类漆饰灯具适合在中式风格中陈设。艺术性漆饰灯具则变化多样，没有材料、色彩、造型、纹样的限制，故适合空间也因作品而异。可单个生产，也能实现一定程度上的批量化生产（如图 1-41、图 1-42）。

图 1-41 漆艺灯具

图 1-42 漆艺灯具

③ 餐厨用具。主要包括餐具、厨房用品、茶具。市面上多以木材、竹材为胎，漆艺与金属、陶瓷结合的综合材料形式也较多，色彩以红、黑色为多，呈现典型东方传统文化气质。这类漆饰食具主要适合在中式、日式空间中陈设，以批量化生产为主。若有用变涂工艺髹饰的部分以及纹饰部分，则需用单个生产方法实现（如图 1-43 ~ 图 1-50）。

图 1-43 纸盒漆艺

图 1-44 漆艺食盒

图 1-45 漆艺茶具（日本）

Note :

图 1-46 漆艺茶具（日本）

图 1-47 漆艺餐具（日本）

图 1-48 漆艺碗（日本）

图 1-49 红金斑菠萝漆金扣如意碗 甘而可作品

图 1-50 漆艺咖啡机 项军作品

1.3.2 装饰性漆艺饰品

装饰性漆艺饰品，按室内装饰形式可分为：

① 壁饰类漆艺饰品，如漆画、漆艺隔断、漆盘挂件、漆饰组件、漆艺乐器等等（如图 1-51 ~ 图 1-56）。

图 1-51 漆画《江南春色》 乔十光作品

图 1–52 漆画 程向君作品

图 1–53 竹径通幽大漆琴及屏风 项军作品

图 1–54 漆画《长安街》 邓莉文作品

Note：

图 1–55 漆画《长安街》 邓莉文作品

图 1-56 漆艺乐器 翁纪军作品

② 摆件类漆艺饰品，可是落地摆件，也可是台面摆件，如漆艺雕塑、漆盘摆件、漆艺花瓶、漆艺屏风等（如图 1-57 ~ 图 1-60）。

胎底材料有木、竹、金属、钙塑等。造型上由于不受功能限制，创作自由度较大，分具象和抽象两类：具象主要基于对自然形象的模仿和变形，抽象则是基于点、线、面基本语言的形态构成。色彩表现自由，技法使用灵活。技法单纯的适用于工业化批量生产，相对复杂的部分才用局部或整体单个制作。

随着市场的高端化需求，一些艺术酒店或高端、个性化酒店、会所、卖场以及家居陈设等，开始引入纯艺术性漆艺作品作为陈设。总之，在人们认知度广、文化包容性强、市场开放程度大的社会大环境下，多样化、个性化、差异化的漆艺饰品有了极大的发展空间。

Note：

图 1-57 漆立体《头像系列》 翁纪军作品

图 1-58 漆立体《江海拾珍系列》 翁纪军作品

图 1-59 漆器

图 1-60 漆器

1.4 漆艺饰品的应用价值

随着人们审美情趣和精神追求的不断提高，室内陈设艺术的兴起，新中式、新亚洲及混搭风的流行，漆艺饰品开始复苏，重回人们生活。现代漆艺通过色彩、光泽、肌理、质感等多种视觉语言，用艺术效果来产生视觉的愉悦，唤起或深沉宁静，或蕴藉含蓄，或富丽华贵，或朴素高雅的艺术美感，激起心灵的智慧并寄予精神上的高度享受。

1.4.1 提升产品附加值

漆艺多是在木、竹、绳或金属等其他材料胎体的基础上予以髹饰，在东方有着极为深厚的文化渊源，加上漆艺自身的艺术性，漆饰成为一种提高产品附加值的重要手段。漆艺饰品的高附加值主要通过以下几个方面得以体现：

① 单一胎体基材，通过漆艺髹饰，产品的面貌也可变得千文万华。

在产品造型、材料不变的基础上，通过漆艺的不同色彩、不同技法、不同装饰材料及装饰纹样来演绎产品的多样性，构建系列化产品，以适用于不同空间、不同人群需求，拓宽销售渠道（如图 1-61 ~ 图 1-64）。

Note：

图 1-61 漆艺（日本）

图 1-62 漆艺（日本）

图 1-63 漆艺

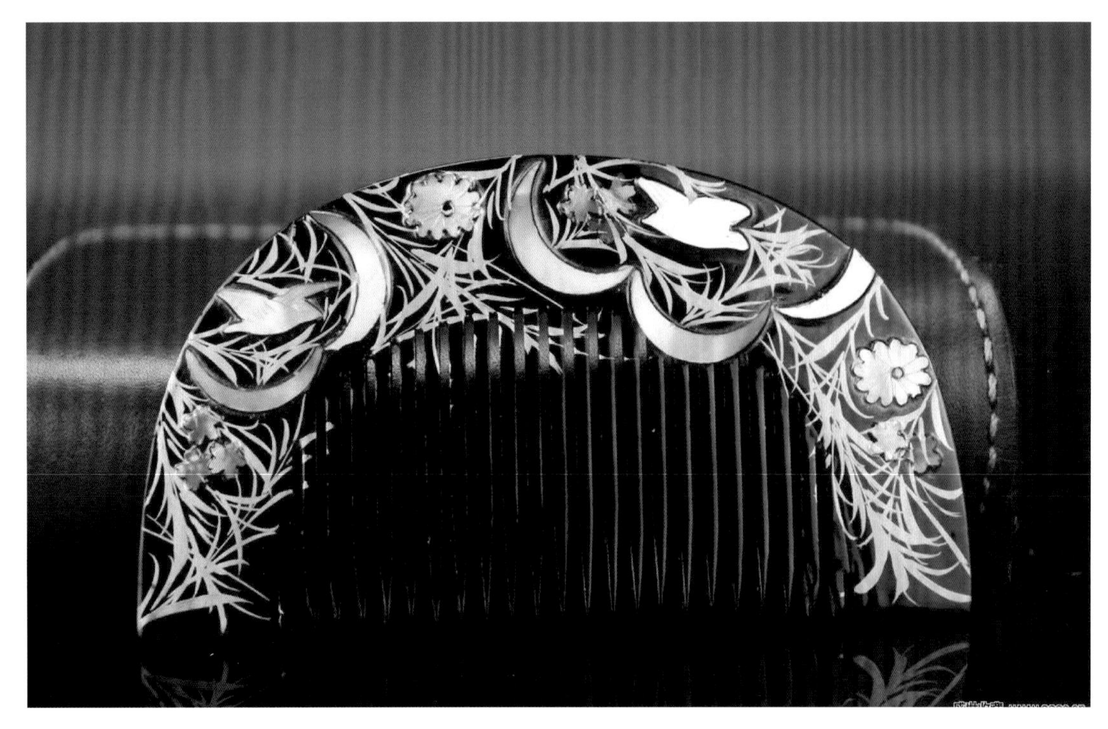

图 1-64 漆艺（日本）

② 经典或滞销产品通过漆饰改变产品面貌，合乎当下审美。

成功的厂家都有自己经典或过气的产品。如：世界名椅中的伊姆斯椅、蛋椅、郁金香椅、天鹅椅等都是市场的宠儿，这几款椅子在造型不变的基础上，通过材料、色彩、纹样的改变，变换成不同的样貌，使之能融入不同的空间。西方的路易十五风格扶手椅、沙发椅，也是现代设计中喜欢重饰的经典式样，如 kartell 的幽灵椅，造型源于路易十五式座椅，通过材料的重置使之合乎现代审美，获得视觉上的新生，也获得了市场上的成功。漆饰天生就是化妆师，不同产品在它的装点下都能得到不同程度的价值提升（如图 1-65 、图 1-66）。

图 1-65 漆艺手机（日本）

图 1-66 螺钿茶托

③ 通过漆艺手法，对废旧产品予以修葺或再设计提升附加值。

废旧产品的再利用有几个层面的意义：

第一，通过漆饰修复保存废旧饰品的文化价值。废旧饰品是一定时期历史文化的反映，清代及之前的家居饰品价值自不必多言，对漆艺类文物的保护和鉴定也有专业的流程与方法。此外，民国时期、新中国成立初期、“文革”时期的家居饰品等也有其时代意义。民间更不乏富有特色的家居饰品，但除去少部分保存完好，有收藏或使用价值外，大多数在岁月的冲刷下均有不同程度的损坏，也不在文物保护之列。这类饰品通过漆饰手法，同样可达到传承、宣扬传统文化的目的。以民间家具为例，在原有废旧家具上提取有时代文化、艺术、技术特征的局部，再通过漆饰手法修葺后，或独立展示，或与其他材料结合，使之成为一种具有文化符号意境的漆艺饰品。

第二，通过漆饰实现废旧材料循环再生的绿色生态价值。多数木质家具的平均寿命在 20 年左右，实木家具寿命为 60 年左右。但由于样式的更新及喜新厌旧的消费理念，多数家具未到寿命期便被弃用。欧美和日本等地区和国家对废旧木质材料的回收都有严格的法律法规，德国早在 2003 年就颁布了“废旧木材管理法令”。我国对于废旧木质家具的回收再利用并未形成完整的产业链。废旧饰品各部件，有些完全失去用途，但另外一些还可循环再利用，其中可用部分提取出来，可通过重构手法演绎出一些新的形态，并通过漆饰手法使之统一。如：荷兰家居用品店 Van Thiel&Co，以搜集加工各种旧木质家具和其他陈设品使之再生为特色；美国布鲁克林的 Uhuru 工作室，主要以家居设计为主，专注于材料的循环利用及可持续设计，作品在国际上得到了广泛的认可。

第三，通过漆饰提升废旧饰品的艺术价值。可通过废旧材料与漆艺的对比，提升废旧材料的价值感；也可用漆饰色彩重新演绎废旧材料，改变废旧材料的视觉常态，使原有废旧物质具有高艺术价值。荷兰家具设计师 Piet Hein Eek 致力于各种废旧家具的再生设计，将许多小废木料拼接成各式各样不同的家具，并上漆髹饰成艺术家具。尼日利亚籍设计师 Yinka Ilori 在伦敦 2017 设计节上展示了一组他改造的旧家具，Yinka Ilori 通过色彩的涂饰，让这些被丢弃的废旧家具焕然一新，变成了艺术品（如图 1-67 ~ 图 1-70）。

图 1-67 废旧家具再设计 Yinka Ilori 作品

图 1-68 废旧物再设计

图 1-69 废旧木摆件设计 邓莉文作品

图 1-70 废旧家具再设计 邓莉文作品

1.4.2 构建空间文化意境

室内空间的灵魂是意境，室内空间中的陈设除满足基本使用功能外，还应满足精神需求，所以成功的室内空间陈设设计是有思想的，这种思想在空间中呈现为或传统的、或现代的、或自然的、或民族的等等意境与人进行情感交流。

漆艺饰品是一种极具东方文化特色的空间文化意境语言，常用于中式、新中式、日式等室内空间中。由于漆艺饰品涉及室内陈设的所有领域，在构筑室内空间环境意境时，应注意漆艺饰品的形态、色彩、材质肌理、大小、位置、构成方式等诸多元素与空间整体的合理性搭配。

1.4.3 传播传统文化

漆艺是中国传统文化艺术的一部分，经过几千年的历史积淀，形成了鲜明的特点与优点，在古人的生活中扮演着重要角色，它的形态、色彩、质感、装饰等文化艺术特征无不在室内空间中传递给人以某种意境、某种情感。

① 让“漆艺饰品”融入当下、回归生活，而不是成为日渐沉寂的“遗产”。

漆艺饰品有着悠久的历史、鲜明的民族特色、丰富的文化艺术内涵，漆艺饰品可调节空间氛围，调节环境色彩，丰富空间层次，烘托室内氛围，创造空间意境，强化室内风格，反映民族特色，所以应将漆艺文化与生活消费相联系，让群众在文化消费活动中感受漆艺的博大精深。

② 结合时代特点进行漆艺创新，是继承与发扬漆艺文化的必然要求。

漆艺必须适应时代需求，与现当代文化、艺术、科技、生活融合，这是中华文化承延的必然要求，也是创新漆艺文化、提高漆艺饰品自身的竞争力的必由之道。因为没有创新便没有发展、没有竞争力、没有生命力，就会被时代摒弃（如图 1-71~ 图 1-76）。

Note：

图 1-71 火锅店红漆高背椅 漆艺饰品案例

图 1-72 茶馆 漆艺饰品案例

图 1-73 饭店漆艺家具摆件 漆艺饰品案例

图 1-74 宽坐漆艺玄关柜 漆艺饰品案例

图 1-75 橱窗漆艺柜 漆艺饰品案例

图 1-76 混搭漆艺饰品空间 漆艺饰品案例

餐厅漆艺陈设方案 丁子睿作品（邓莉文指导）

PART 2

漆艺饰品常用材料

2.1 涂料

2.1.1 天然漆

天然漆又名大漆、生漆、土漆、国漆，是从漆树上割取下来的一种乳白色黏性汁液，可直接淋涂于器物上，《庄子·人世间》就有“桂可食，故伐之，漆可用，故割之”的记载。天然漆具有良好的坚硬度、耐磨、耐热、防腐蚀、防潮、绝缘等性能，是一种优质天然树脂涂料，被世界公认为“涂料之王”。

（1）漆树的分布

漆树属漆树科，是一种高大落叶乔木，主要生长于亚洲温暖湿润的亚热带地区，如中国、日本、朝鲜半岛、印度、越南、缅甸、泰国等地区。中国为世界上漆树资源最丰富，分布范围最广的国家，且所产天然漆质量最好。《尚书·禹贡》曰：“兖州厥贡漆丝”；《山海经·北山经》中说：“虢山，其木多漆棕。英鞋之山，上多漆木”。说明中国远古时期，就有关于漆树的记载，早在几千年前漆丝就已成为贡品，中国对漆的使用源远流长，故天然漆也被称为“中国漆”。我国从北纬 21° ~北纬 42°，东经 90° ~东经 127° 的山区漆树都可生长，秦岭、大巴山、武陵山、巫山、大娄山、邛崃山、乌蒙山一带广大地区的温湿度，非常适合漆树的生长，固有“漆源之乡”之称。从行政区域分布看，漆树遍及全国 23 个省市，500 余县，其中以湖北、四川、贵州、云南、陕西五省最多。而湖北恩施县的“毛坝漆”、鄂西的“普新漆”、陕西平利县的“牛王漆”，最为有名。漆树适宜割漆的气温为 14.5℃ ~30.8℃，相对湿度为 56%~92%，因此天然漆每年的割取时间 6 —10 月为宜，三伏天割取的漆质量最好，阴天及日出前是割取漆的最好时间（如图 2-1、图 2-2）。

Note：

图 2-1 漆树

（1）割漆

（2）割漆

（3）漆树取漆开口

（4）收漆

（5）收漆

图 2-2 割、收漆

（2）天然漆

天然漆由多种成分组成，主要成分有：漆酚、漆酶、漆树胶、水分和微量的挥发酸等。由于漆树品种、树龄、生长环境、采割时期等因素的影响，各成分之间的比例并不固定。一般而言，漆酚含量占 40% ~ 70%，是生漆的主要成分，漆酚是成膜物质，含量越高，说明漆的质量越好。漆酚的结构种类很多，主要有饱和漆酚、三烯漆酚、单烯漆酚等，三烯漆酚越多，漆的质量越好。我国天然气的漆酚主要为三烯漆酚，如享有优质天然漆盛名的湖北毛坝漆，其三烯漆酚约占漆酚总量的 90%。漆酶俗称生漆蛋白质、氧化酵素，生漆中漆酶含量在 10% 以下，起到促进漆酚快干结膜作用。漆酚的催干，跟漆酶活性的高低有关，漆酶活性越强，生漆涂层干燥得就越快，而生漆的燥性是评价质量优劣的条件之一。漆酶活性由温度与湿度以及漆中酸性决定：生漆在温度 20℃ ~ 40℃、相对湿度 70% ~ 80%、漆的 PH 值为 6.7 弱酸性时，漆酶活性最大，最宜干燥。水分是生漆自然干燥成膜过程中漆酚发生作用的重要因素，水分一般占 15% ~ 40%，含水太多会影响漆的质量。精制漆，含水量一般在 4% ~ 6%，否则很难干。树胶质是一种多糖类化合物，可使大漆中各成分（包括水）形成均匀的胶乳，其含量一般为 3.5% ~ 10%，含量的多少将影响大漆的黏度和质量。

以往从漆树上割取出来的漆液，需用细布滤去杂质后制成生漆（又称糙漆），生漆为白色偏黄的乳状物，或为偏红褐的稠浓流质，暴露在空气中不久就会变黑，生漆涂饰的器物不亮，只能作底用。其他精致漆还需个人依据需要，在每次制作漆艺作品前，通过繁琐工艺获取。由于技术的进步，现在市场上已有了能满足基本漆艺饰品制作，可适合不同用途的支装、罐装、袋装精制天然漆售卖，色彩也逐渐如油画、国画、水彩一般繁多了。

复生春铝管支装大漆分类有：天然生漆（底漆）、天然大漆推光漆（红锦推光漆、透明漆 / 透明推光漆、提庄漆 / 楷清漆、金箔漆 / 贴金漆 / 金地漆、罩金漆）、天然大漆推光色漆（特黑推光漆、中国红、橙黄、翠绿、普兰等各色推光漆）。

髹饰工坊铝管支装大漆分类有：精制生漆、上揩生漆、精制熟漆、精制透明漆、各色精制色漆。

其他还有西安生漆研究所泰迹工坊、N 次过敏、大唐漆艺坊、漆材铺子、睿雅生漆行、天作坊、漆痱子等漆材品牌，也致力于满足人们大漆的便利性运用的研发（如图 2-3 ~ 图 2-14）。

图 2-3 天然大漆

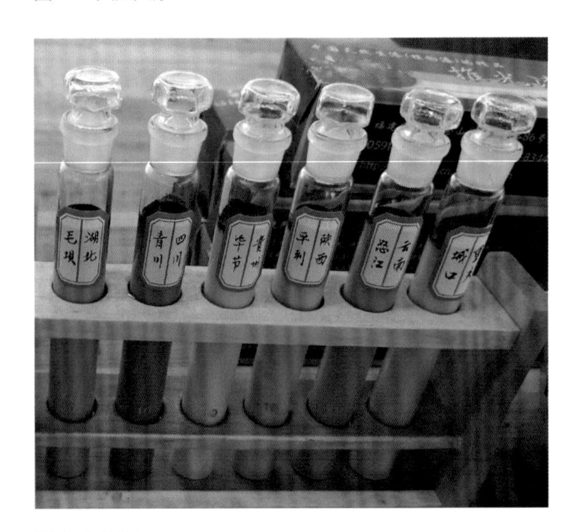

图 2-4 生漆

图 2-5 各品牌精制漆

图 2-6 推光漆

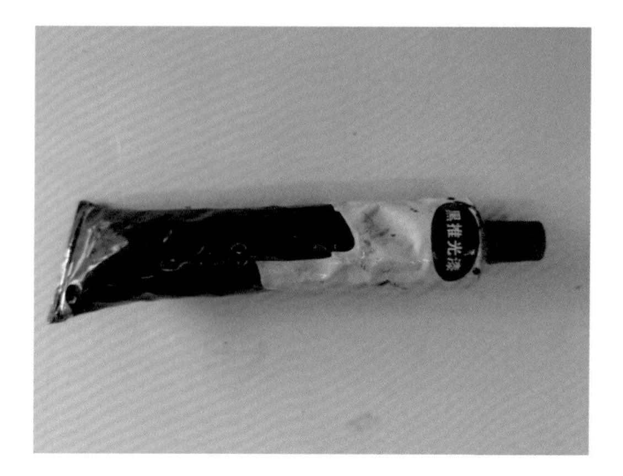

图 2-7 黑色推光漆

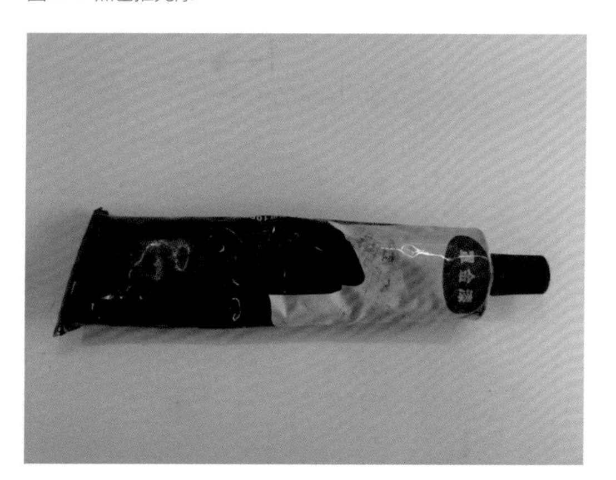

图 2-8 罩金漆

图 2-9 推光色漆

图 2-10 精制生漆

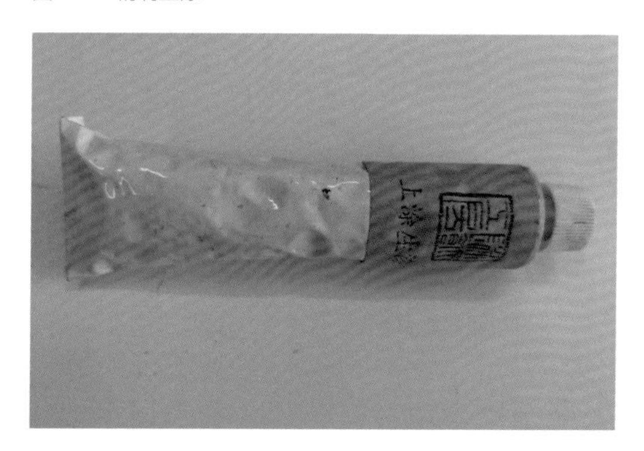

图 2-11 上涂生漆

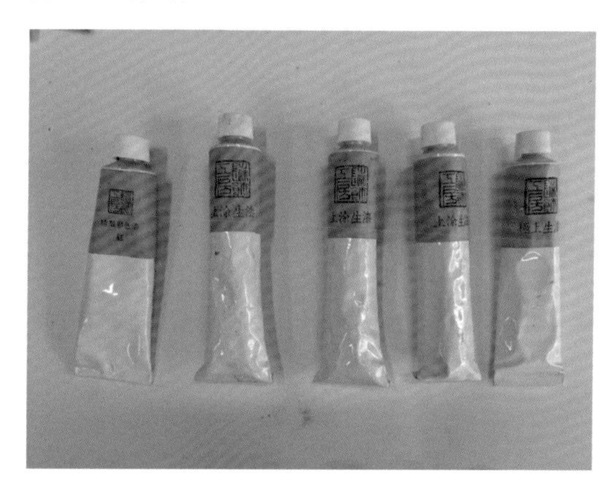

图 2-12 各色精制漆

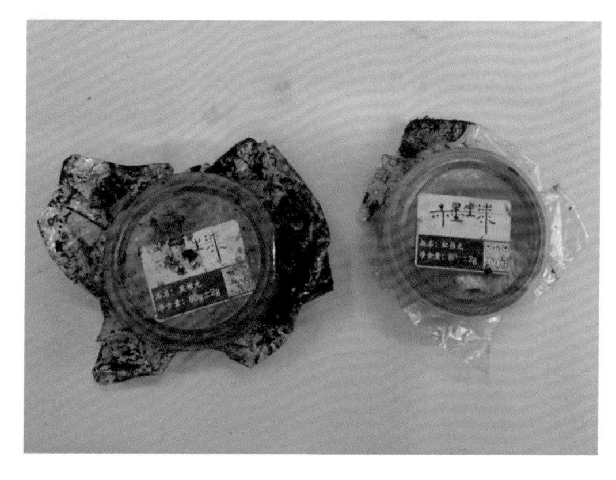

图 2-13 推光漆

图 2-14 推光色漆

2.1.2 腰果漆、合成漆、桐油

（1）腰果漆

腰果树属漆树科，原产于巴西，我国海南、广东、云南也有分布。腰果漆属于天然树脂型油基漆，系采用腰果壳液为主要原料（腰果壳的主要成分为腰果酚），与醛类化合物反应制成酚醛缩合物，再与溶剂调配成似天然大漆的新漆种。腰果漆在主要性能方面与天然生漆接近，故又名合成大漆，其漆质光洁丰润，透明度好，且与大多数色料都没有化学反应，故容易配制各色色漆，稳定性强。目前也有支装腰果色漆售卖，使用方便（如图 2-15 ~ 图 2-18）。

优点：具有优异的耐水、耐热、耐腐蚀性，干燥快，透明度好，无皮肤过敏。

缺点：色素发红，脆柔韧性差，干燥过快不利制作，含苯类有害物质。

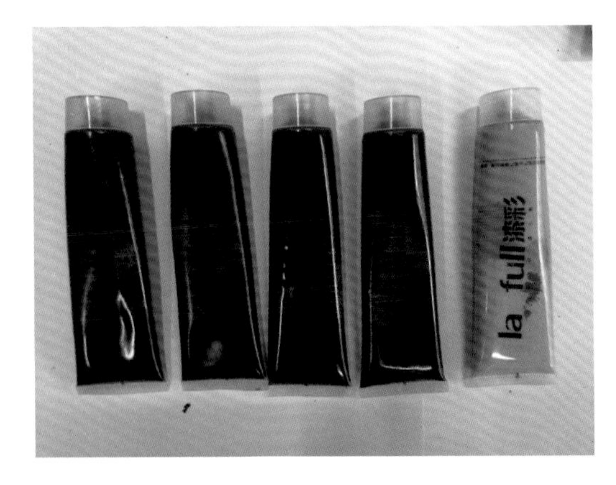

图 2-15 支装腰果漆

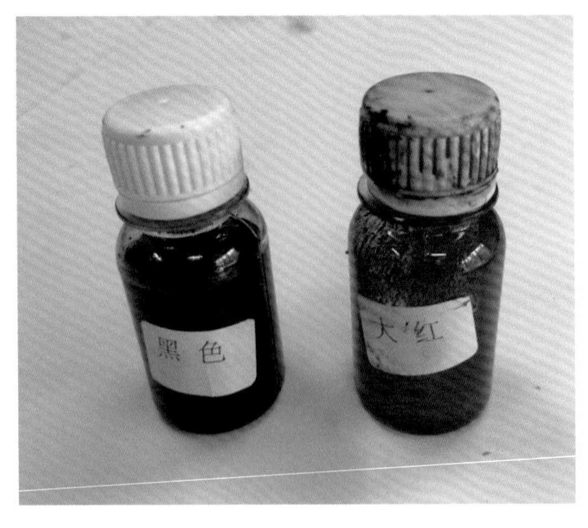

图 2-16 瓶装腰果漆

图 2-17 罐装腰果漆

图 2-18 桶装腰果漆

（2）合成漆

① 合成漆的种类。

合成漆主要分为聚氨酯树脂漆、硝基清漆和自动喷漆。聚氨酯是一种高级透明树脂漆，硬度大、耐磨、耐酸、耐热。聚氨酯树脂漆型号很多，一般分甲乙两组配合使用，使用时按甲乙配合比例调和均匀。聚氨酯漆可以和天然漆混合使用，既可以提高天然漆的明度，又可加速天然漆的燥性。硝基清漆即汽车喷漆，具有耐磨、透明等特点。自动喷漆有透明和彩色多种，使用方便，并分光和哑光两种（如图 2-19、图 2-20）。

甲为固化剂，乙为清漆

理论涂布量：4-8m²/kg（一道计）

用法：甲乙 1:1 配合使用，配漆前将主漆搅拌均匀，如混入杂质用丝网过滤后使用，配合均匀后静置 20~30 分钟，待气泡消失即可使用。

图 2-19 双组分聚氨酯漆

图 2-20 硝基清漆

② 合成漆的特点。

合成漆具有透明、快干等特点，对温、湿度没有特殊要求，可快速干燥，能与任何颜料调和，调制成各种浅色漆，尤其适用于金银罩明使用。但合成漆缺点也十分突出，首先毒性较大，容易对人体造成伤害，透明度高、反光严重，光泽不如天然漆内敛，故髹饰效果也不及天然漆。

（3）桐油

桐油是一种优良的带干性植物油，具有干燥快、光泽度好、附着力强、耐热、耐酸碱、防腐、防锈、等特性，常用于调色被广泛运用于漆艺饰品中。桐油为脂肪酸甘油三酯混合物。桐油又分生桐油和熟桐油两种，生桐油薄膜缺乏韧性，光泽差，故生桐油需加工成熟桐油方可使用。从直观上判断，熟桐油较生桐油黏稠，且颜色呈深咖啡色。漆艺熟桐油分广油、明油两种，广油稀，明油稠（如图 2-21）。

图 2-21 精制熟桐油

Note：

2.2 溶剂与助剂

溶剂与助剂一般有柑橘油、松节油、樟脑油、汽油、酒精、煤油等。其中适宜做稀释剂的有柑橘油、樟脑油、松节油，适合做洗涤剂的有酒精、汽油、煤油、植物油等。

① 柑橘油天然无毒，有柑橘味，稀释效果良好。

② 樟脑油从樟树中提取，是最理想的稀释剂，其挥发性慢，入漆时可平刷痕，但用量过多会影响漆的燥性。

③ 松节油从松树中提取，挥发较樟脑油快，也适宜作稀释剂。

④ 酒精又称乙醇，不宜作为稀释剂，而宜作洗涤剂。

⑤ 汽油挥发快，一般作洗涤剂，但有时也作稀释剂（变涂时运用）。

⑥ 煤油挥发慢，也可作洗涤剂，也可利用其使漆慢干制作特殊纹样。

⑦ 植物油主要用来清洗漆刷和漆笔，清洗后的漆刷和漆笔蘸上植物油，可避免毛发的干结，植物油也可清洗粘在手上的漆（如图 2-22、图 2-23）。

图 2-22 大漆清洁剂（酒精）

图 2-23 溶剂与助剂

2.3 色料

天然生漆对入漆色料的掺入要求很高，天然生漆中含漆酸，凡含锌、钡、铅、铜、铁、钙、钠、钾等金属的颜料，入漆会与漆酸起化学反应，色泽变暗变黑，故不能使用。贵重金属如金、银等不与漆酸起化学作用，才能入漆。近代从炼焦油中提取的有机颜料，耐酸耐碱，宜于入漆。古代多用矿物盐基性金属化合物颜料，如银朱、赭石、石黄、石青、石绿、铅粉、煤烟等。其实其中除银朱、石黄、煤烟之外，多不宜入漆，故古代漆色较暗。现在大漆入漆色料基本上有银朱、立索尔红（西洋红）、镉黄、石黄、耐晒黄、藤黄、钛白、酞菁蓝、酞菁绿、乌烟、金粉、银粉、铝粉等。而合成漆入漆色料更为广泛，除可入大漆的色料外，象锌白、锌钡白、锑白、铁黑、炭黑、铁红、银朱、红丹、铅铬红、镉红、猩红、铁蓝、群青、铅铬绿、酞菁铬绿、氧化铬绿等均可使用。

以上各种色料，均为细小干色粉，需与漆调和成为彩漆，方可使用。调制大漆精制色漆的方法是：取适量色料置于调漆板上，加入少许广油，用石杵或牛角杵、木杵等分批细致研磨，研磨时要时时翻动，清理杂质，才能保证色彩的鲜明度。研细之后，再调入透明漆或红紧推光漆。入漆量一般不少于 50%，若入漆太少，彩漆不够坚牢，而入漆过多，又会影响色彩的鲜明度。调和后的彩漆，干后一般较原来的暗，但经过一定的时间（数月甚至更长），又会恢复到调制时的色彩，可称还原，福州行业语称为“开”，但如果漆的含量过大，色彩便不会完全还原（如图 2-24、图 2-25）。

图 2-24 色粉（瓶装）

图 2-25 闪光粉

Note：

2.4 成型材料

成型材料包括胎骨材料、胎底腻子、裱褙和脱胎材料、黏合材料。

（1）胎骨材料

通常有竹、木、藤、皮、陶瓷、金属、钙塑胎等，是漆艺饰品的载体，以木胎居多。漆画胎板多用胶合板、高密板，需选择木质细密的材料，纤维板、金属板也可用。木胎立体作品，一般多用楠木、樟木、榉木、红松、桐木等不易变形材料，用前还要进行烘干处理，直至干透（如图 2-26、图 2-27）。

图 2-26 木胎碗

图 2-27 竹胎

（2）胎底腻子

胎底腻子，由灰与生漆调和制成。灰的种类很多，《髹饰录》载："灰有角、骨、蛤、石、砖及枉屑、磁屑、炭末等。"角灰即牛角灰，骨灰即兽骨灰，蛤粉即蛤蚌壳制得的粉，砖瓦研碎可制得瓦灰，枉屑、磁屑则由陶瓷片研碎制得，木炭研碎制得炭末，河砂由细河砂筛选获取。日本轮岛涂选用海底鱼骨研磨制成，日本木曾漆器用灰为砥粉。此外，黄土粉、石膏粉也可作为腻子粉使用（如图 2-28、图 2-29）。

图 2-28 瓦灰

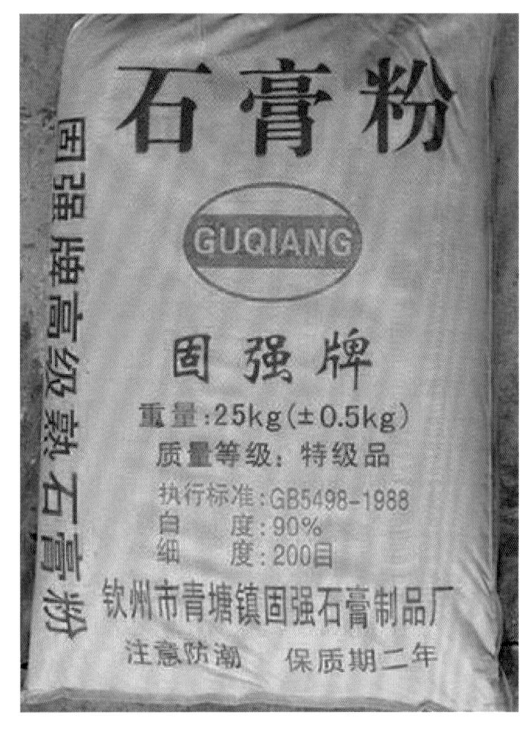

图 2-29 石膏粉

（3）裱褙和脱胎材料

布有麻布、夏布、绸布、豆包布等，纸有高丽纸、皮纸等，布与纸用于裱褙和脱胎用（如图 2-30、图 2-31）。

图 2-30 裱褙布

图 2-31 夏布

Note：

（4）黏合材料

面粉调生漆，称“生漆面”，日本称“麦漆”或漆糊，也可用糯米粉调成生漆糊，在制漆胎时褙布用，制脱胎漆器时也用（如图 2-32、图 2-33）。

图 2-32 面粉

图 2-33 糯米粉

2.5 装饰材料

漆艺饰品是一个具包容性的产品，一般来说，很多材料都可以用来作为漆艺饰品的装饰材料，如金属类、贝壳类、蛋壳类、骨类、木石类等。

（1）金属

金属可加工成薄片、不同粗细线状、不同目数粉状等形式，于漆面上嵌片或嵌线。常用漆用装饰金属材料有金、银，除此之外，还有锡、铜、铅、铝等材料也可用于镶嵌。金即黄金，或用铜替代，可以看成黄色颜料，有箔、箔粉、泥、丸粉等。银是白银，可看成白色颜料，一般用铝替代，也有箔、箔粉、泥、丸粉等（如图 2-34 ~ 图 2-37）。

图 2-34 碎铝箔

图 2-35 铝粉、铜粉

Note：

图 2-36 金箔

图 2-37 金粉泥

（2）贝壳

贝壳种类繁多，贵重的有夜光螺、鲍鱼贝、珍珠贝等，不同贝壳有不同色彩，在漆艺中通称为螺钿。其加工办法是先将贝壳外皮去掉，然后在砂轮上打磨成所需薄片。螺钿加工技术韩国比较先进，先用机器把贝壳分离剖解为薄片，薄片又可以切割成宽窄不等的细条，或依据装饰形象对薄片贝壳进行切割。螺钿也可加工成同目数的颗粒，依据装饰需要洒粘于画面（如图 2-38 ~ 图 2-41）。

Note：

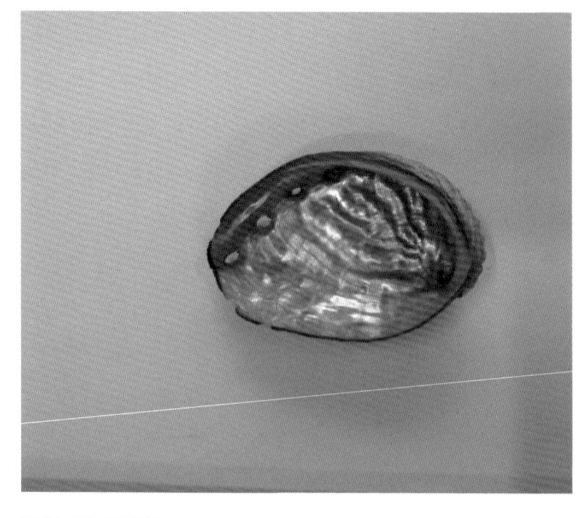

图 2-38 鲍鱼壳

图 2-39 鲍鱼碎片

图 2-40 韩国螺钿片

图 2-41 螺钿片

（3）蛋壳

漆艺饰品中镶嵌常用材料有鸡蛋壳、鸭蛋壳和鹌鹑蛋壳。鸡蛋壳的色彩有红、褐、白之分，鸭蛋壳有呈绿色的、白色的，鸭蛋壳略透明，黏合蛋壳的底漆能衬托于表面，故较鸡蛋壳暗。鹌鹑蛋壳比鸡、鸭蛋壳薄，适用于镶嵌面积小而又精密的部分。蛋壳也可以碾碎成颗粒，制成不同目数，洒粘于画面（如图 2-42、图 2-43）。

图 2-42 蛋壳

Note：

图 2-43 鸭蛋壳

（4）角骨木石

角骨类主要有牛角、牛骨等材料，均可用于镶嵌。兽骨的加工方法是，先将其破成两片，加石灰与石碱放在锅里蒸煮，以去其油分，再加工成薄片，才可使用。此外龟壳、玳瑁也常用于漆艺饰品的镶嵌。木石主要包括黄杨木、紫檀木、寿山石、青田石、叶蜡石、珊瑚、绿松石等贵重材料，种类繁多，不分贵贱，总之，只要适宜，均可用于镶嵌（如图 2-44、图 2-45）。

图 2-44 玳瑁

图 2-45 绿松石

（5）漆粉

漆粉莳绘用，用大漆调配成各种彩漆，需涂在玻璃板上 2~3 遍，干后刮下，用干磨机磨碎，过筛，分出粗细目数，即成大漆色粉。用腰果漆调色后，可涂于较厚实塑料布上，干后揉搓漆块脱落后，同样用干磨机磨碎，过筛，分出粗细目数，即成合成漆色粉。注意，大漆色粉用塑料布制作，不易脱落（如图 2-46、图 2-47）。

图 2-46 漆粉

图 2-47 各类镶嵌材料

2.6 其他材料

（1）推光材料

推光材料主要有灰、植物油、发团、脱脂棉等。

① 灰即细瓦灰，也可用面粉或钛白粉替代。

② 植物油可是花生油、菜籽油、豆油等。

③ 头发团，蘸水拌瓦灰可擦去漆面之磨痕，等于是一次细磨。

④ 脱脂棉揩清时用，蘸生漆薄擦漆面。

（2）辅助材料

辅助材料主要包括丝绵、皮纸、绸布、细纱布、硫酸纸、复写纸、碳粉等

① 丝绵在贴金、晕金时用于敷擦金、银粉。

② 皮纸过滤少量漆时用。

③ 绸布、细纱布、化纤布可过滤漆时用。

④ 硫酸纸、复写纸，用棉花蘸清钛白粉擦在高丽纸上，便自制成复写纸。也可买现成的红色复写纸或蓝色复写纸。

⑤ 肥皂，脱胎时用作脱离剂。

⑥ 碳粉，堆起时使用（如图 2-48 ~ 图 2-54）。

图 2-48 脱脂棉

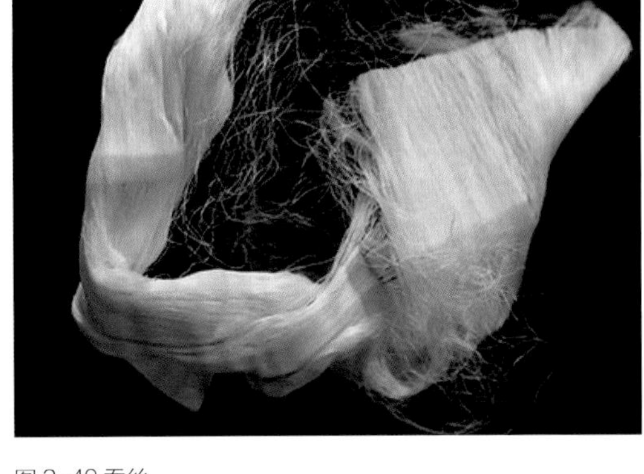

图 2-49 蚕丝

图 2-50 发团

图 2-51 植物油

图 2-52 抛光蜡

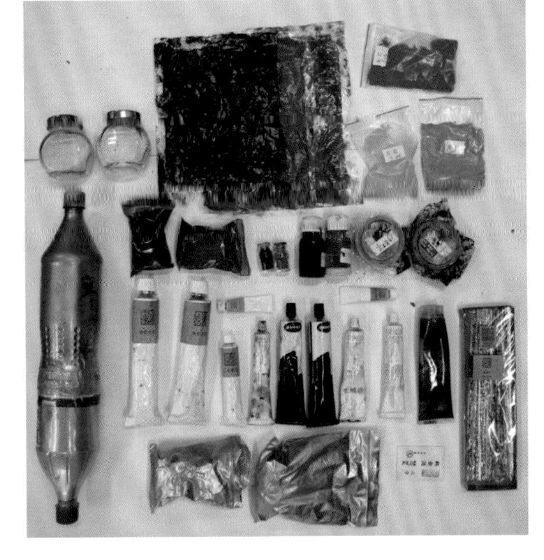

图 2-53 漆艺常用材料

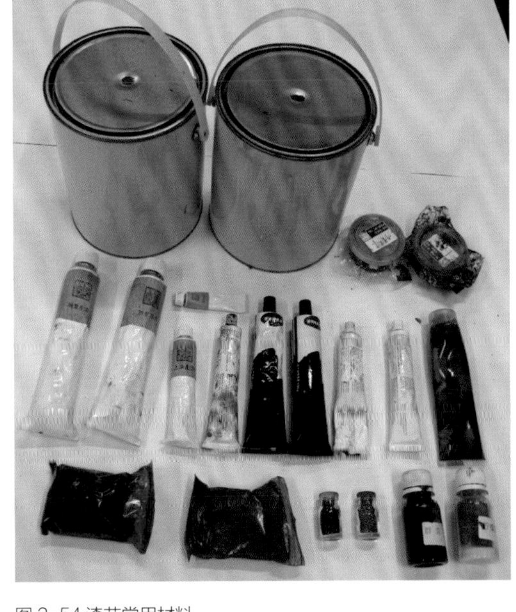

图 2-54 漆艺常用材料

Note：

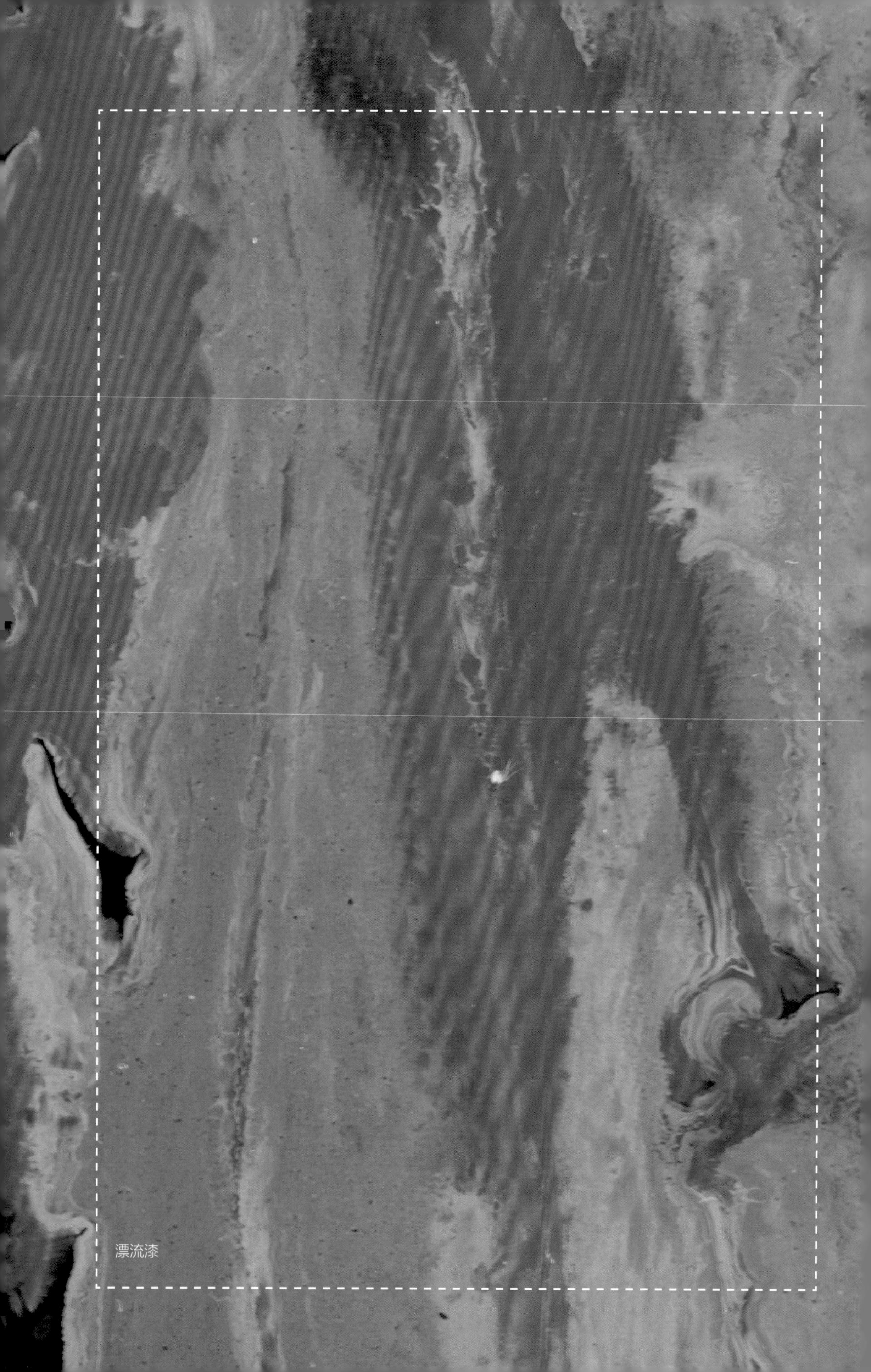
漂流漆

PART 3

漆艺饰品常用制作工具

3.1 制漆工具

（1）搅拌机

生漆须经过晾晒提炼为精致漆，晾晒实际上就是脱水去除生漆中的多余水分，最后精致加工成推光漆，一般含水量为 3%~8%，含水量低于 3% 则漆膜不干，难以固化。生漆精制加工的目的，在于改变生漆原粗糙的分子结构使之结合得更为紧密，即通过物质氧化再聚合增强漆酶的活性。改性后的熟漆在硬度、黏度、透明度方面都要优于生漆。生漆的精制加工，传统方法一般有两种：自然搅拌晒制和煎煮。漆量少时可将漆置于玻璃板上放在太阳下晾晒，晾晒时需用牛角刀不断搅拌，目的在于一是使漆均匀受阳光照射，二是通过慢慢搅拌可增加生漆各成分的均匀度；漆量较多时，可采用半机械的加工方法，利用手执电动搅拌机搅漆，以代替搅拌漆液；更多的漆量则需安装自动搅拌机搅漆。室内晒制一般用红外灯或高能白炽灯加热，将灯均匀分布于晒漆容器之上，温度控制在 30℃ ~ 45℃。

（2）滤漆架

滤漆架是用来过滤漆液的手工自制操作架，多为木制材料。根据滤漆的多少，有大小的区别。

（3）小型电动颜色研磨机

漆量多时需要用研磨机，一则可以节省人力，二则可以保证研磨质量。研磨得越精细，色彩纯度越高。

（4）咖啡豆粉碎器

可用于加工漆粉，效果很好，既省力又省时。

（5）电动振筛机

批量化生产漆色粉，可用多层电动振筛机，筛分精细、不漏料、不混料，省时省力。

（6）调漆板

制作漆艺饰品的调漆板，一般用白色大理石、厚钢化玻璃板、白色瓷板。白色大理石最好用，因为白色对透明色漆容易辨明；其次大理石较重，放在桌上不易滑动。研磨颜料要用 50cm × 60cm 以上的调漆板，并配以石杵、牛角杵等，量少时可用牛角刮刀研磨（如图 3-1~图 3-5）。

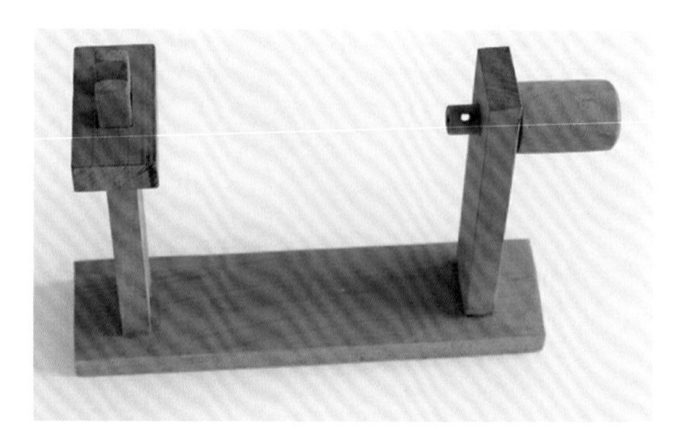

图 3-1 滤器架

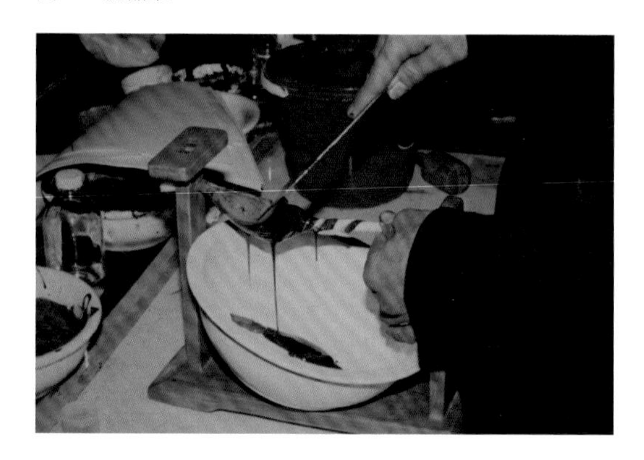

图 3-2 滤漆

图 3-3 干磨机

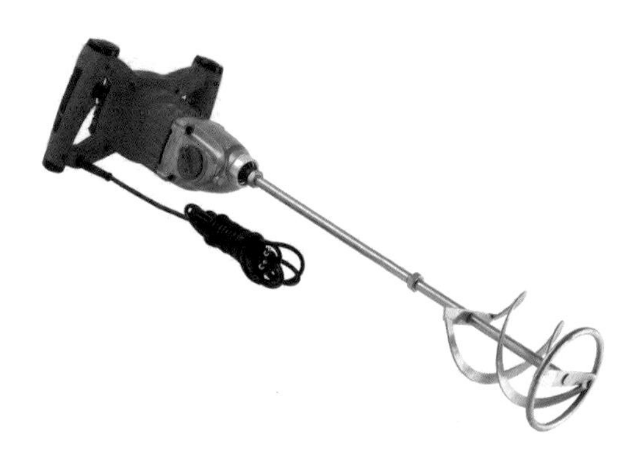

图 3-4 手执电动搅拌机

图 3-5 电动振筛机

3.2 制胎工具

① 旋床，是漆器胎底制作的必要设备，旋制瓶、盘、碗、台面等规范化的木胎造型用。

② 台式曲线锯、台式砂带机、干砂机、曲线锯、小型车床、手电钻、抛光机、砂纸机（方形、圆形）、吊磨机（小）、无绳电钻、组合式木工工作站等。是漆器胎底精细化制作的必要设备。

③ 移动式集尘器。制作漆艺饰品的空间，需保持绝对的洁净，集尘器是必需设备（如图 3-6 ~ 图 3-10）。

图 3-6 吊磨机

图 3-7 数控旋床

图 3-8 台式砂带机

Note：

图 3-9 干砂机

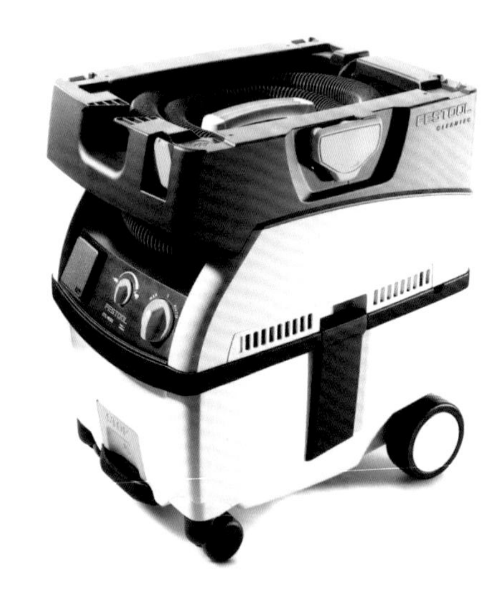

图 3-10 移动式集尘器

3.3 刮灰、涂漆工具

（1）刮刀

刮刀，即调漆刀，是必备的工具之一。刮刀不仅适用于调漆、调漆灰、调色漆，也可用来刮灰、刮漆，可以像雕塑刀一样塑造漆胎造型，也可像油画刀一样直接在漆胎上刮涂彩漆。

刮刀的材料主要有牛角、塑料、木材、金属等。

牛角刮刀是用水牛角制成的，主要产于福建、四川、广西一带。牛角刮刀可以按照需求自由切锯成不同大小、厚薄，十分灵巧方便。日本漆艺以器物为主，大都使用木制刮刀。木刮刀可以随意改变刀刃部的外形，可削出锋利的刀刃，根据需要还可加工成不同形状，十分便利，但在弹性和韧性方面木刮刀不及牛角刮刀。近年来日本、韩国使用合成树脂制作刮刀，以人工材料替代天然材料。塑料刮刀富有弹性，机器可将其切割、打磨成各种所需求的形状，无论弹性和韧性都恰到好处，很多方面都优于牛角刮刀、木刮刀。牛角及木不适于制作较宽刮刀，制作漆画胎板调漆灰、刮漆灰时需要宽的刮刀，需用塑料板制成（如图 3-11 ~ 图 3-14）。

图 3-11 漆艺刮刀

图 3-12 橡皮刮刀

图 3-13 纯天然牛骨刀

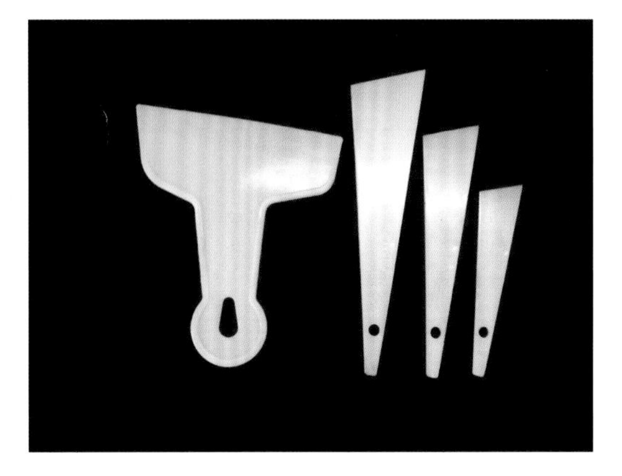

图 3-14 漆艺塑料刮刀

（2）发刷

发刷主要用于涂漆，是漆艺的特用工具，是用女人头发制成的。除发刷之外，还有牛尾刷，刷毛较硬，不太好用。发刷一般厚 0.3cm ~ 0.5cm，宽可根据需要而定。

发刷的制作方法：

① 将女子的长发洗净。

② 将生漆与煤油按 15:1 的比例调匀，将头发浸湿梳顺，再刮去多余的生漆，压成 0.5cm 左右厚度，长、宽随意的长条，固定在玻璃板上。

③ 待略干硬时，再将其用细麻绳绑在薄木板上。

④ 完全干燥后，取下麻绳，四面再用薄木板粘上漆糊，拼夹起来，再用麻绳绑紧。

⑤ 待漆糊干涸后，把合并后的木板刨削齐整。

⑥ 将毛发一端的木板斜削半公分，露出刷毛，并在魔石上斜磨成尖形，尖端要齐整成一线。

⑦ 再将毛发锤松，并用肥皂揉洗干净。

⑧ 最后在木板部分刮灰、涂漆、美化，完成。

发刷的清洗和保管也很重要。使用完后要用植物油将刷毛根部残留的漆反复清洗干净。为避免刷毛干硬，还需再蘸上干净的植物油保护。当发刷发毛变秃，可用利刀切去，重新消磨，这样一把发刷可用几年甚至十几年（如图 3-15）。

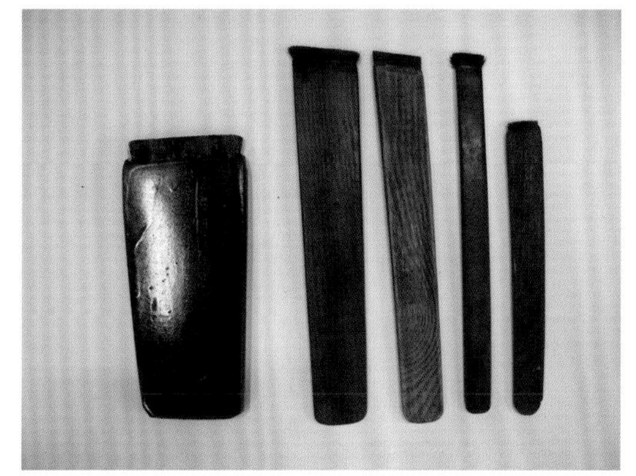

图 3-15 发刷

Note：

3.4 髹饰工具

（1）画笔

因漆液黏稠，所以进行漆绘时画笔需要富有弹力和硬度。常用画笔有特制画笔、国画笔和油画笔。特制画笔有鼠毛笔和山猫毛笔等。

鼠毛笔是取老鼠的须以及背上纵长之毛制成，以福建所产为最佳。鼠毛笔的制作方法是将大约20根鼠毛毛尖向下插入透底小竹筒，然后用线把鼠毛根部扎起，从竹筒中抽出，用胶水浸湿、晾干，再用皮纸和胶水把毛根裹好，干后插入笔管即可。山西平遥描漆用的笔是山猫毛制成；四川凉山彝族漆器用笔则用山羊胡子制成。这些画笔都十分具有当地特色。

国画笔可满足线描以及小面积涂漆等各种要求，其中衣纹、叶筋、点梅、小红毛、须眉、蟹爪等锋坚者均可用。使用前须按需求用皮纸浸漆或浸了生漆的线把根部包起，只用尖端一部分。

油画颜料和漆液都很稠厚，因此油画笔也适用于漆绘。油画笔型号较多，主要用于漆的加饰，如上色漆、固粉、罩漆等工艺。

也有专门的日本莳绘笔（如图 3-16 ~ 图 3-20）。

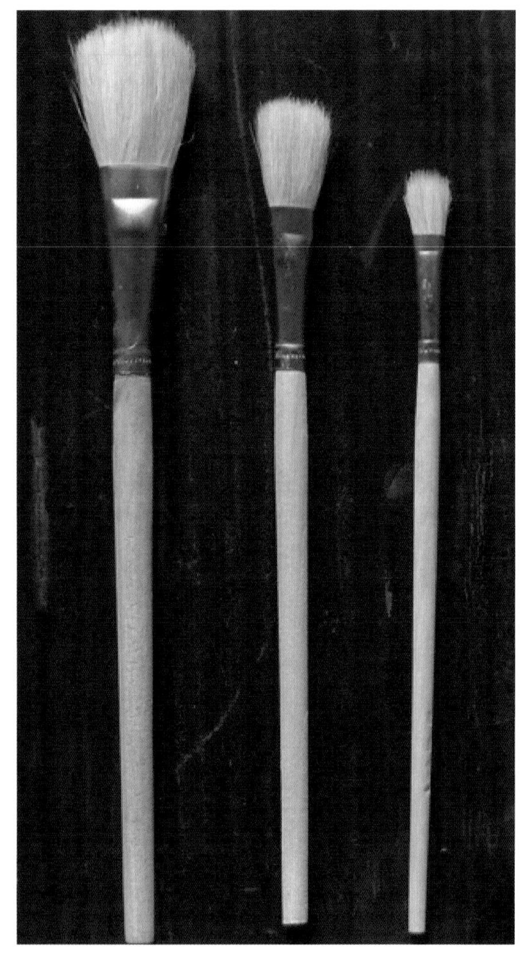

图 3-16 羊毛刷

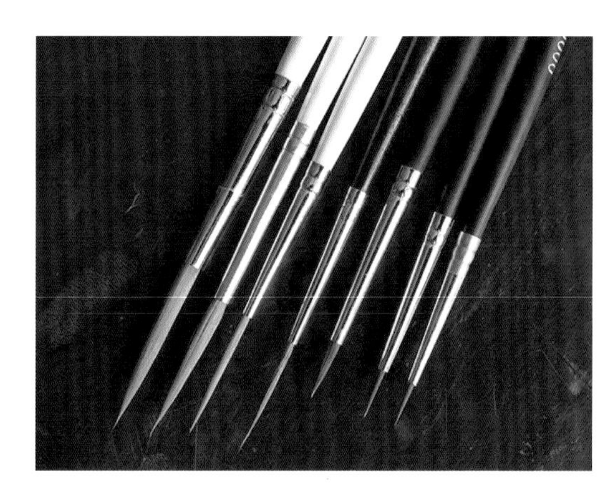

图 3-17 勾线笔

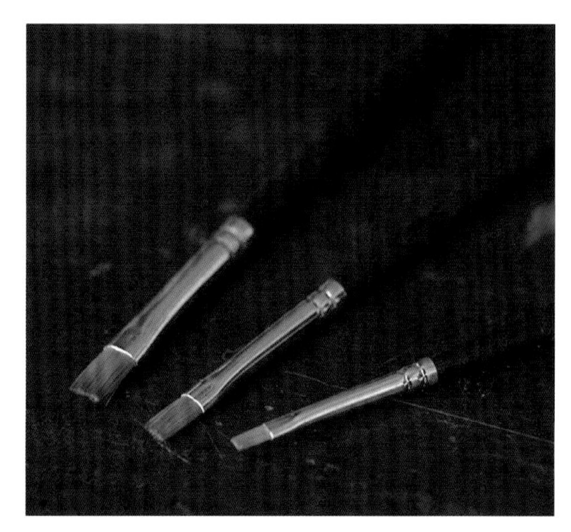

图 3-18 尼龙方头笔

图 3-19 日本莳绘笔

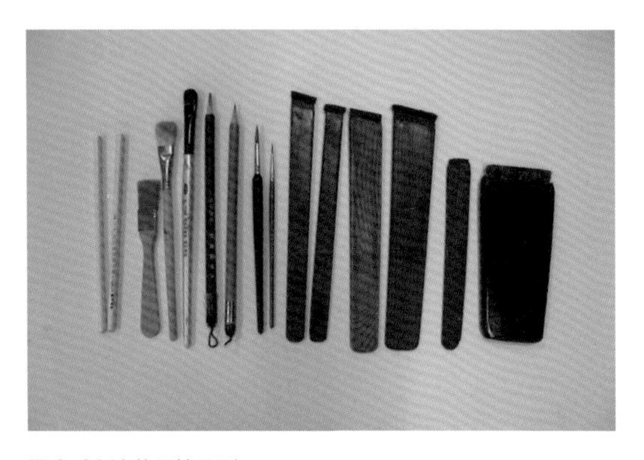

图 3-20 漆艺用笔及刷

（2）刻刀

漆艺用刻刀，种类繁多，有用途各异的刻漆刀、木刻刀、金石刀、钩刀等。

① 刻漆刀。

月牙刀：主要作刻漆线用。

平刀：主要作刻漆铲地用。

② 木刻刀。

刻木版画、木雕的木刻刀套装，一套中有不同刀口形制，其中三角刀用于刻线，圆口刀用于刻点，斜口刀用于刻线、刮面及点的渐变，半口刀用于铲地。

③ 金石刀。

金石刀为篆刻用刀，较重，使用起来比较稳，漆艺中可以刻线、刻点或刮面。日本沈金用刀类似我国的金石刀。

④ 钩刀。

可用于刻线。北京，扬州等地的雕填工艺多用之。

当然实践中，可以依据漆艺装饰造型的需求创造多种刀具（如图 3-21~ 图 3-24）。

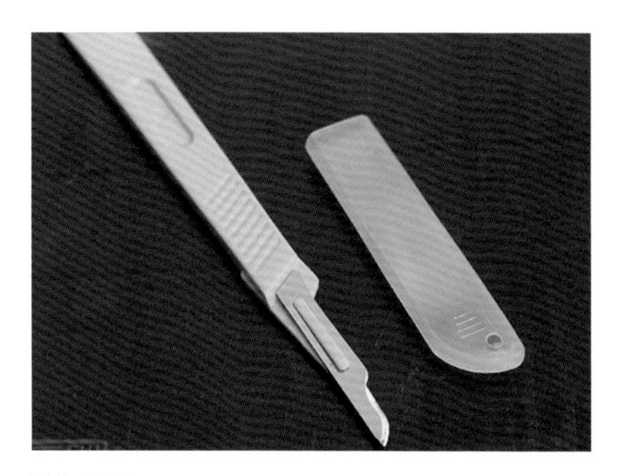

图 3-21 刻刀

图 3-22 角刀

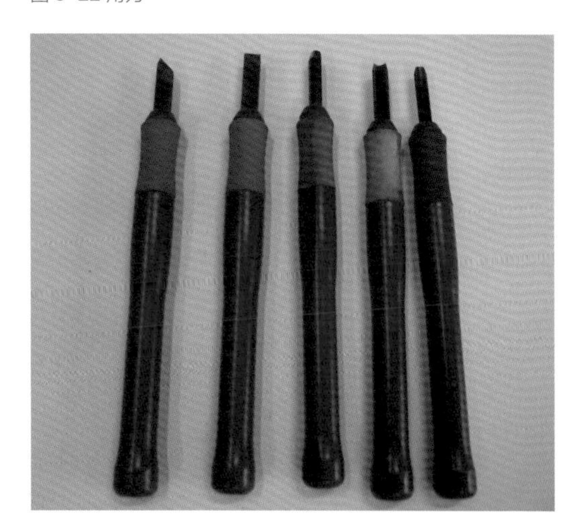

图 3-23 刻刀

图 3-24 上金抛光用玛瑙刀

（3）箩筛、粉筒

箩筛主要用于筛制干漆粉、炭粉、瓦灰等。市场上有成套的箩筛出售，按孔径大小分成粗细多种，从 14# ~ 120# 不等，可根据需要来选择不同的型号。

粉筒是用竹管和芦苇管制成的小号箩筛。主要在莳绘时筛撒金粉、银粉、干漆粉等。鹅毛管可用来制作更细的粉筒（如图 3-25、图 3-26）。

图 3-25 莳绘粉筒

Note：

图 3-26 粉类筛网

（4）喷漆房

喷漆房是提供涂装作业专用环境的设备，能满足涂装作业对温度、湿度等的要求；能将喷漆作业时产生的漆雾及有机废气限制并处理后排放，是环保型的涂装设备。喷漆房还需配备喷枪、气泵等设备（如图 3-27、图 3-28）。

图 3-27 喷漆房

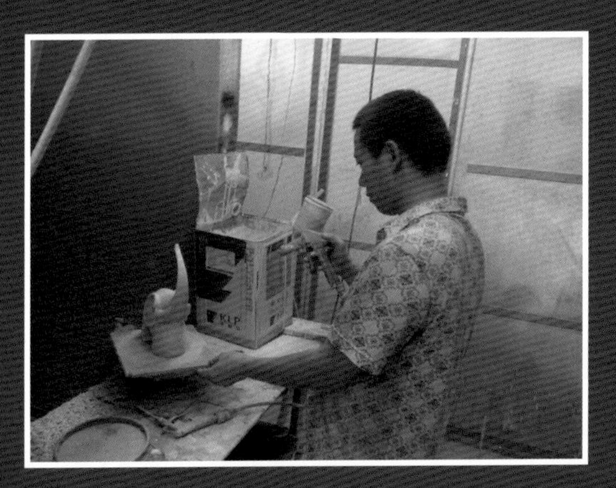

图 3-28 喷漆枪

图 3-29 平板砂光机

3.5 研磨抛光工具

研磨工具主要有干砂纸、水砂纸、天然磨石、人造磨石、研磨木炭等。水砂纸按粗细分为多种型号，有 280#、320#、360#、400#、600#、1000#、2000#、3000#、5000#、7000# 等。进行漆艺饰品研磨，需要依据不同效果，用不同型号砂纸打磨，砂纸型号越大，颗粒越细，打磨效果就愈加光滑细腻。天然磨石选用质坚而细无砂质的青理石、红理石制得，人造磨石又叫砥石、油石，有方块、条状等各种形状，有 400#、600#、800#~2000# 等各种型号，用于打磨块面时较方便，造型细微复杂处则不适合。研磨用木炭，一般采用松、梧桐、山梓、椿等烧制的木炭，这些木质炭较细腻紧密，细度相当于 1200# 水砂纸，粗细也有多种，粗的可用于粗磨，细的用于细磨，研磨木炭的优势在于可以修成不同形状，可削制大小不同的笔头，用于打磨细部较复杂的纹样极为便利。

电动抛光机用于大物件电动抛光，丝绵、脱脂棉、发团用于手动抛光。

打磨辅助工具有手执式电动打磨机、砂纸架、木方块、橡皮等，砂纸架、手执式电动打磨机装上砂纸主要用于漆平面的粗磨，可自由调装粗细不同的砂纸、砂布，电动工具商店有售。手执式电动打磨机，具有功率高、效果好等特点，但噪音较大（如图 3-29 ~ 图 3-34）。

图 3-30 电动打磨工具

Note：

图 3-31 砂卷

图 3-32 手执砂纸架

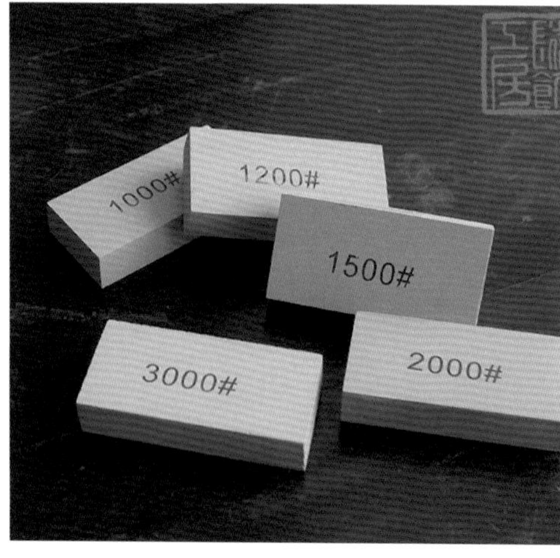

图 3-33 打磨工具

图 3-34 打磨台

3.6 其他工具

① 捣箔粉筒：主要用来将金、银、铝箔片捣成粉状的工具。捣箔粉碎机粉尘较大，实际操作中多用自制捣箔粉筒。制作方法：将两个可乐瓶切去底部，套在一起，中间隔一层丝网。一端装入金、银或铝箔以及豆粒、小石块之类的冲击物，盖上瓶盖，然后用力摇动，箔被击碎后会漏到另一端的可乐瓶中。

② 弓形钢丝锯：锯螺钿片等用。

③ 镊子：医用镊子较灵便，镶嵌蛋壳用。

④ 竹夹：夹金、银箔用，照相器材店有售。

⑤ 蘸子、滚珠、丝瓜络等：用于起纹理。蘸子用麻布包棉花团制成。滚珠可用算盘珠自制。

⑥ 粉勺：取颜料粉用，医药用品店有售。

⑦ 竹针：用筷子或笔杆削制，拷贝时用以描线。

⑧ 旋转台：与雕塑用的旋转台相同，用于立体造型作业。

⑨ 吸球、执棒：髹漆时吸住胎体用。

⑩ 漆绘指盘：调色用。

⑪ 粉镇：镇金粉、银粉纸用。

⑫ 不锈钢、木竹镊子：夹螺钿、蛋壳、金银箔用（如图 3-35～图 3-46）。

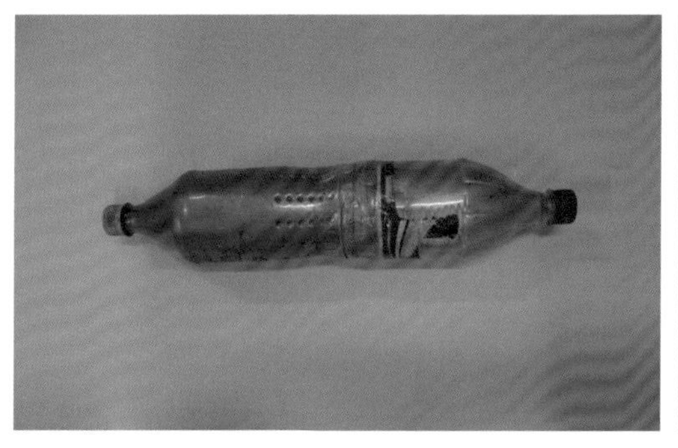

图 3-35 自制捣粉筒

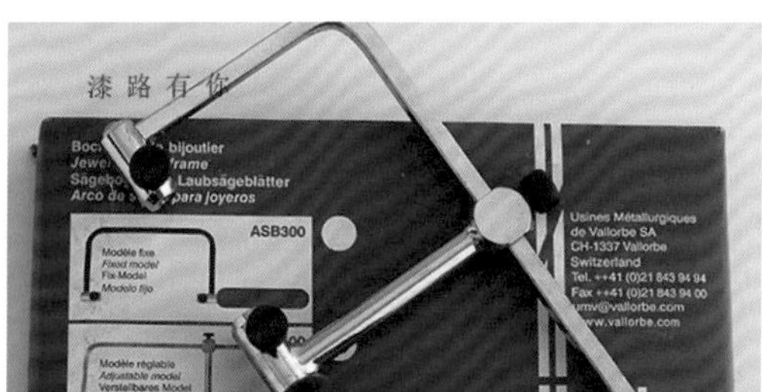

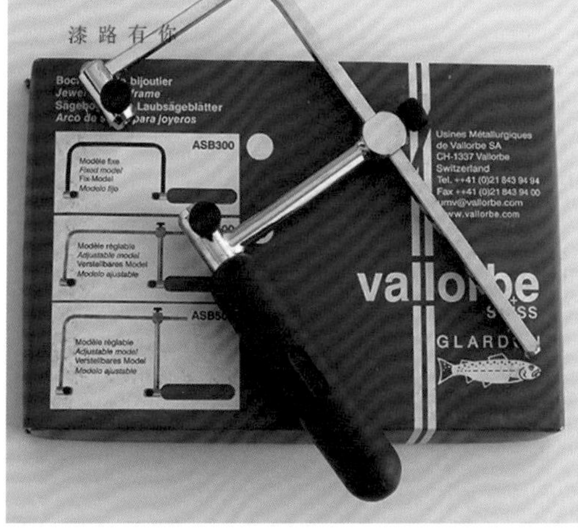

图 3-36 不锈钢线锯

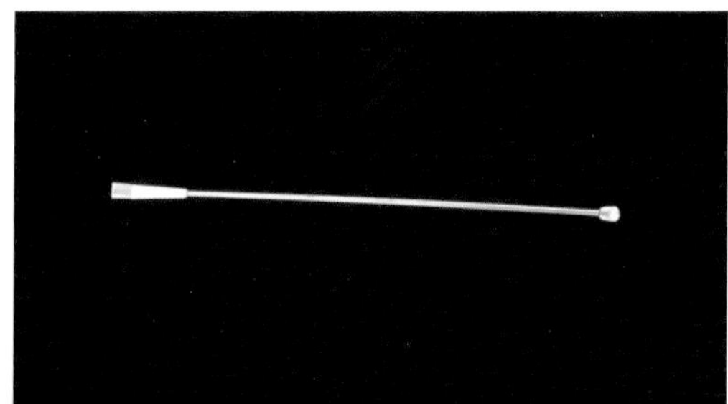

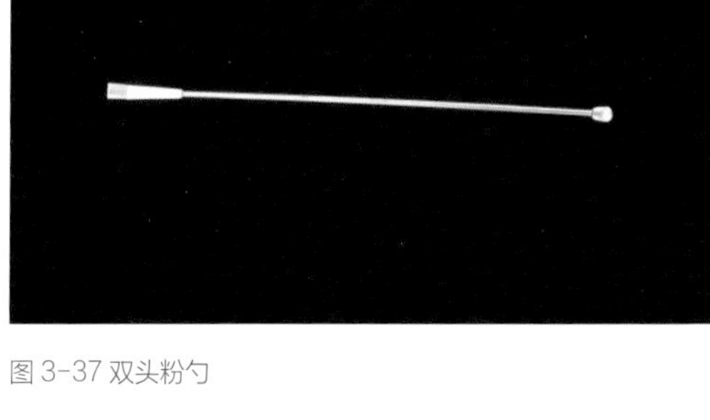

图 3-37 双头粉勺

图 3-38 转盘

图 3-39 吸盘

图 3-39 吸球

图 3-39 执棒

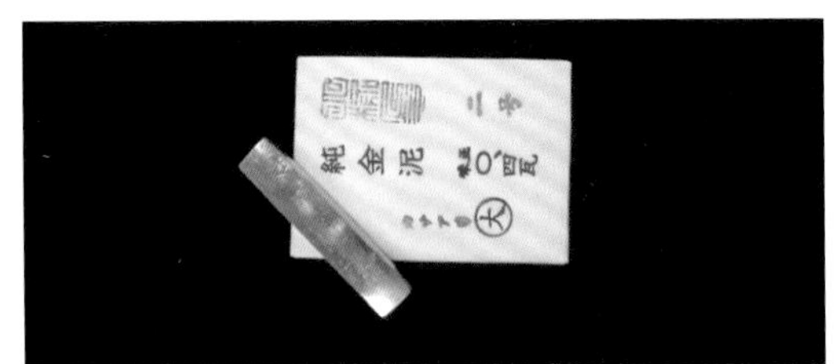

图 3-40 粉镇

图 3-41 牛角杵

图 3-42 喷水壶

图 3-43 喷漆壶

图 3-44 调漆板

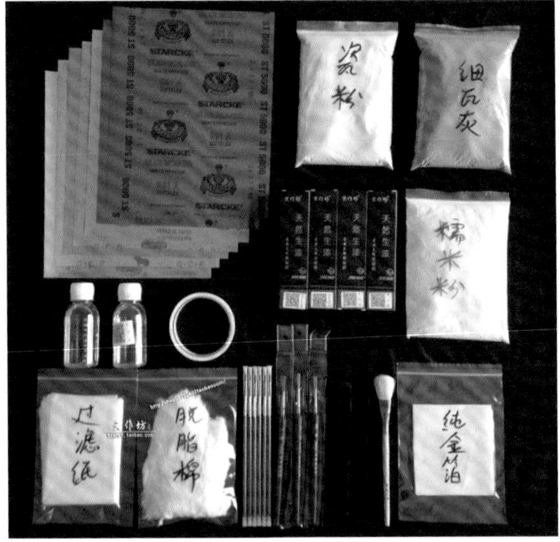

图 3-45 漆艺工具

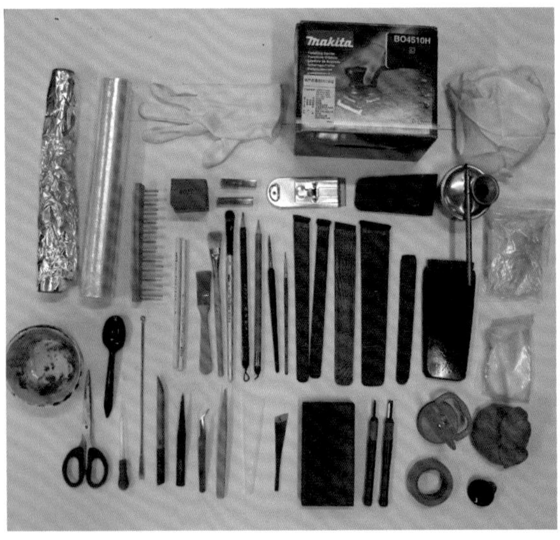

图 3-46 漆艺常用工具

3.7 荫室（荫房）

荫室是漆艺饰品制作过程中的重要设备之一。漆液的干燥对环境的温、湿度有极高要求，可控温度范围需在 20℃ ~ 30℃，可控湿度范围为 50% ~ 90%。为促进漆液的干燥，荫室内须保持一定的温湿度，因此荫室内需装上温、湿度计，配备升温及加湿设备。寒冷干燥的天气，要适当向荫室内加湿，也可装电暖气和热喷雾等，以保持室内温、湿度。但荫室内不可生火炉，因火炉产生的灰尘和二氧化碳会导致漆的干燥受到影响，也影响室内的洁净。荫室根据需求有大有小，较小的荫室称为荫橱或荫柜，一般为木质，用于制作较小的、少量的手作漆艺饰品。批量化生产需较大荫房（如图 3-47~ 图 3-52）。

图 3-47 清华大学漆艺荫房

图 3-48 中南林业科技大学漆艺荫房

图 3-49 荫房内部结构

图 3-50 荫柜

图 3-51 工具架

图 3-52 水槽

变涂茶筒六君子

PART 4

漆艺饰品髹饰技法

漆艺饰品髹饰技法多种多样，可以归纳为髹涂、变涂、镶嵌、刻填、磨绘、描绘、堆塑等。各个技法之间既可以独立运用，也可以综合运用。

4.1 髹涂表现技法

髹涂的“髹”在字典中的释义为“用发刷涂漆于器物”。髹涂是最为原始的一种漆艺技法，其他许多技法也以髹涂为基础。古代彩漆多以朱、黑两色为主，称为“黑髹”“朱髹”，也有褐髹、紫髹，后来钛白以及酞青蓝、酞青绿、金银铜铝的运用丰富了彩髹的面貌。髹涂技法主要包括：厚料髹涂、研磨髹涂、薄料髹涂、罩漆髹涂四种类型。

4.1.1 厚料髹涂

厚料髹涂因其简便、实用、质朴的特性，从古代一直沿用至今。厚料髹涂是在色漆中加入了30%～40%的桐油，以增加漆的光洁度、流平性，因其漆刷得很厚也不会起皱，流平性好且没有刷痕，故被称为“厚料漆”（如图4-1、图4-2）。

厚料髹漆的操作程序：

① 髹漆前的准备：确保髹漆环境，确保操作者衣物的洁净、无尘；备好已涂过并磨平及去经油污处理的漆胎。

② 温湿度调试：因每种漆成分不一，对干燥环境的要求也不一样，因此髹漆前一天应根据温度、湿度对漆的性能进行测试。

③ 调制厚料漆：选用精制推光漆，入漆色料与漆的比例大约为1:1，细致研磨，然后加入桐油再研磨，将调制的厚料漆过滤待用。

④ 髹涂厚料漆：一般要在胎体上髹涂3遍或以上，厚薄均匀。

⑤ 整理边角：胎体边缘及拐角处易积漆、起皱，需注意去除多余漆液。

⑥ 入荫干燥：平面作品可以平置入荫，立体作品为防止漆液的淤积，在入荫干燥的初期，每隔半小时就应调换位置。随着漆液的逐渐干燥，调换位置的时间可适当延长。也有专门恒湿、恒温的自动转动荫室。

图4-1 清代 髹涂大漆家具

图4-2 髹涂仿古饰品

Note：

4.1.2 研磨髹涂

胎体髹涂后，待膜干燥再研磨的方法叫研磨髹涂，也称为“上涂漆”。用于后期研磨的漆，为达到漆膜硬度，不能加桐油（如图 4-3~ 图 4-6）。

研磨髹饰操作程序：

① 选取干性适宜的推光漆。若漆干得太快易起皱，可加入少量桐油使其慢干；漆放置太久，漆酶活性不好，干得慢，则可加入适量新生漆促使其快干；漆太稠厚会留刷痕，可用适量樟脑油稀释。

② 调制上涂漆。用精制推光漆与色料调和细致研磨，如果需要颜色鲜亮，可以加少量桐油，但其量不能超过 20%，色漆要反复过滤。

③ 髹上涂漆，入荫。

④ 打磨。上漆后一般需放置 3 天左右，使漆结膜更结实后再进行打磨，打磨时根据上涂漆的粗糙程度，一般先用 500# 的水砂纸先粗磨，再用 1000#、1500#、2000#~5000# 的水砂纸依次进行研磨，最后用发团蘸水拌细瓦灰磨去漆表面的细小划痕。注意不要磨破漆面露出胎底。

⑤ 抛光。小件器物可用手掌蘸植物油蘸细瓦灰或钛白粉、面粉反复摩擦漆面，大件器物需借助电动抛光机，直至出现内蕴光泽。

⑥ 揩清。用脱脂棉或丝绸布蘸上等生漆（也叫提庄漆），加进一定的生油，在漆面上薄涂一遍，然后用棉纸擦去多余漆液。再入荫房，在漆将干未干时，再推光一次，如此反复 2~3 次，直至光泽如玉。

图 4-3 髹涂提梁食盒

图 4-4 髹涂餐具系列

图 4-5 髹涂纸巾盒

图 4-6 髹涂首饰盒

Note：

4.1.3 薄料髹涂

薄料髹涂由清末福州漆艺名工沈绍安先生及其后代发明，是将金箔、银箔制成泥金、泥银再调入漆及色料，用手指手掌拍的方式薄敷色料的方法，简称“薄料”。

（1）薄料彩漆的组成

① 选干性好，透明度高的精制漆。

② 金箔（银、铝箔）。要根据需求加入，但薄料越多，就越显得淡雅；越多就越浓稠。

③ 桐油。加桐油的作用是使漆慢干，以便从容地操作，同时它也可以提高漆的鲜明度。

④ 色料。一般来说，凡入漆的色料都可使用，但薄料多用透明色料，它更能发挥金银的效果，如酞菁蓝、酞菁绿、立索尔红等。

（2）薄料薄敷法的操作程序

① 备好上涂好打磨完好后的胎体，不能有划痕、凹点及漏灰之处，否则打箔后底子上的疵点会显露出来。胎体一定要干净。

② 调制薄料彩漆。先将银箔（金箔）与桐油一起细细研磨，然后加入透明漆，漆量一般不少于 50%，最后加入颜料，放置待用。

③ 贴银地。用贴金法通体贴以铝箔粉。

④ 用手掌部位蘸上薄料轻轻地拍敷在银地上（或胎体上），要薄厚均匀。与发刷涂漆一样，也要 3 遍。

⑤ 薄料的保护。由于薄料很薄、易损坏，传统保护方法是罩一层桐油。现在也用聚氨酯罩在其上保护薄料。

4.1.4 罩漆髹涂

用透明漆或透明色漆罩在金银或色漆上，然后根据需要进行打磨，这种技法被称为罩漆髹涂。罩漆髹涂这种方法操作简单，应用广泛，多表现一些自然景观，具有一种诗意的含蓄之美。它的薄厚微妙变化是在透明漆上研磨而成的，罩箔地子的技法叫罩金，罩在色漆上的技法叫罩漆。

（1）罩金

罩金的工艺制作程序：

① 选用完成中涂漆的胎体。

② 调制金地漆，即贴箔之用漆。选择干性好的漆为原料，加入 20% ~ 30%较稠的桐油。利用桐油的慢干性，拖延漆干的时间，以便于从容操作。此外还要加入一点钛白或银珠粉，在黑漆胎上拍敷，一来可以清晰地辨其薄厚，二来能够辨认是否有遗漏之处。

③ 拍敷金地漆。大面积或较为平坦之处用手掌拍敷，不便于操作之处，可用发刷或油画笔涂，一定要厚薄均匀。

④ 贴箔。除金箔外还可以贴银箔、铝箔、铜箔。在金地漆将干未干之际进行贴箔，若早了，除了浪费箔料之外，箔的光泽不亮；若贴得过迟，失去黏性，箔又贴不牢了。识别“火候”的方法是用手指在金地漆上轻轻摸弹，当手离开漆面时发出清脆声响，手指又不沾漆，说明正是贴箔的“时机”。对着金地漆，哈一口气，若它表面起雾状又缓缓消失，说明也正是贴箔的“火候”。贴箔既可以是箔片，也可以是箔粉（箔粉污染环境要注意防护）。用竹夹子将箔片轻轻地铺在金地漆之上，然后用棉球轻轻地揉擦，入荫。

⑤ 罩漆。由于箔面很薄易损坏，还有银、铝箔如暴露在空气中会氧化变暗，所以要罩漆。多在金箔上罩透明漆。而在银箔、铝箔上罩透明色漆，用松节油稀释，薄薄地多罩几层，也可以加入一些桐油，以提高其透明度，并用软发刷髹漆。

⑥ 打磨。用 800#~2000# 的水砂纸根据需要进行深浅浓淡的研磨。

⑦ 推光揩清。

（2）罩漆

因透明漆本身呈棕红色，故罩漆所用的色漆地子大多为白色、朱色或黄色等。

罩漆工艺制作工序：

① 备好胎体，要求是已完成涂漆后的胎体。

② 刷色漆、入荫。

③ 干后用 800# 左右的水砂纸磨去浮光，小心磨打，以防磨穿。

④ 罩透明漆或透明色漆 1~2 遍，入荫。

⑤ 用 800#~2000# 的水砂纸进行研磨，打磨的轻重不同，就会相应地出现深浅不同的变化。

⑥ 推光揩清（如图 4-7 ~ 图 4-10）。

图 4-9 髹涂漆器 钟声作品

图 4-7 髹涂碗盘

图 4-8 髹涂食盒

图 4-10 髹涂漆器盒

Note：

4.2 变涂表现技法

变涂它在我国古代《髹饰录》中，被称为“彰髹”，也叫“斑漆”。“变涂”一词来自日本，即自然变化髹饰之意，它利用起花所造成的凹凸不平，经过罩漆最后研磨而呈现出丰富多彩、变化万千的“自然造化”。故有说变涂效果“一半天成一半人意”。变涂根据起纹的方法和使用的材料来划分，主要分为绞漆起纹、媒介物起纹、粉粒物起纹、稀释剂起纹等。

4.2.1 绞漆起纹

为了起纹的需要破坏漆的流平性，需要用65% 的生漆与 35% 的生鸡蛋清调制成稠厚漆。这种漆的黏度高，但不会起皱，被称为“绞漆”。

起纹工具种类繁多，可天马行空，奇思异想，利用不同工具在稠厚绞漆上制成各种痕纹。

（1）绞漆起纹工艺制作程序（以肌理漆压花滚筒起纹为例）

① 备好已完成涂漆的胎体。

② 调制稠厚、快干推光漆。

③ 选用合适的肌理滚筒（艺术墙漆起纹工具，有各种纹样可选），蘸上绞漆在胎体上滚动起纹，入荫。

④ 贴金属箔，用脱脂棉在它上面擦一层薄生漆然后贴箔（也可以不贴箔）。

⑤ 通体罩透明漆 1~2 遍。

⑥ 用 800#~2000# 水砂纸依次进行打磨，可以将纹样的边缘处磨破露出银丝，也可以保留纹样让其全部隐于透明漆下。

⑦ 推光揩清（如图 4-11、图 4-12）。

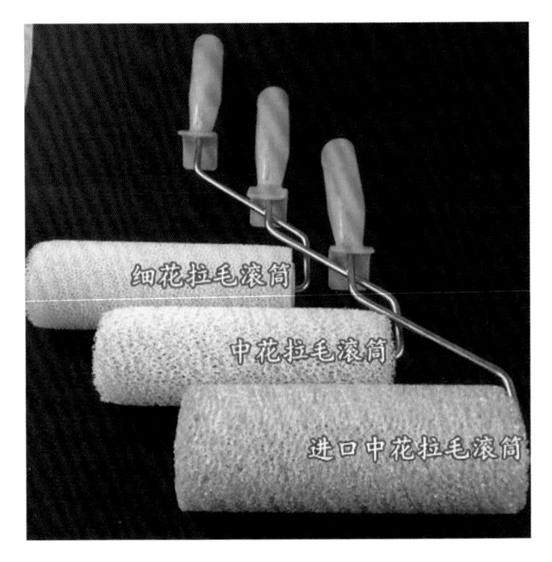

图 4-11 肌理漆压花滚筒

图 4-12 肌理漆压花滚筒

Note：

（2）纹漆起纹工艺制作程序（犀皮漆、菠萝漆）

① 备好漆胎。

② 调制纹漆。为使漆能立住，可加适量蛋清。

③ 刷纹。如用圆形布卷等，蘸上纹漆朝一个方向旋转刷在漆胎上，呈现高低不平的圆圈痕，入荫。或丝瓜络卷成笔尖蘸漆打均匀小捻。

④ 罩漆。可以刷上单色漆，也可以刷上几道不同的色漆。入荫。

⑤ 磨显。

⑥ 推光揩清（如图 4-13 ~ 图 4-17）。

图 4-13 布卷类物起纹

图 4-14 纹漆盒 项军作品

图 4-15 漆画《遥瞰城市系列》 翁纪军作品

图 4-16 漆画《遥瞰城市系列》 翁纪军作品

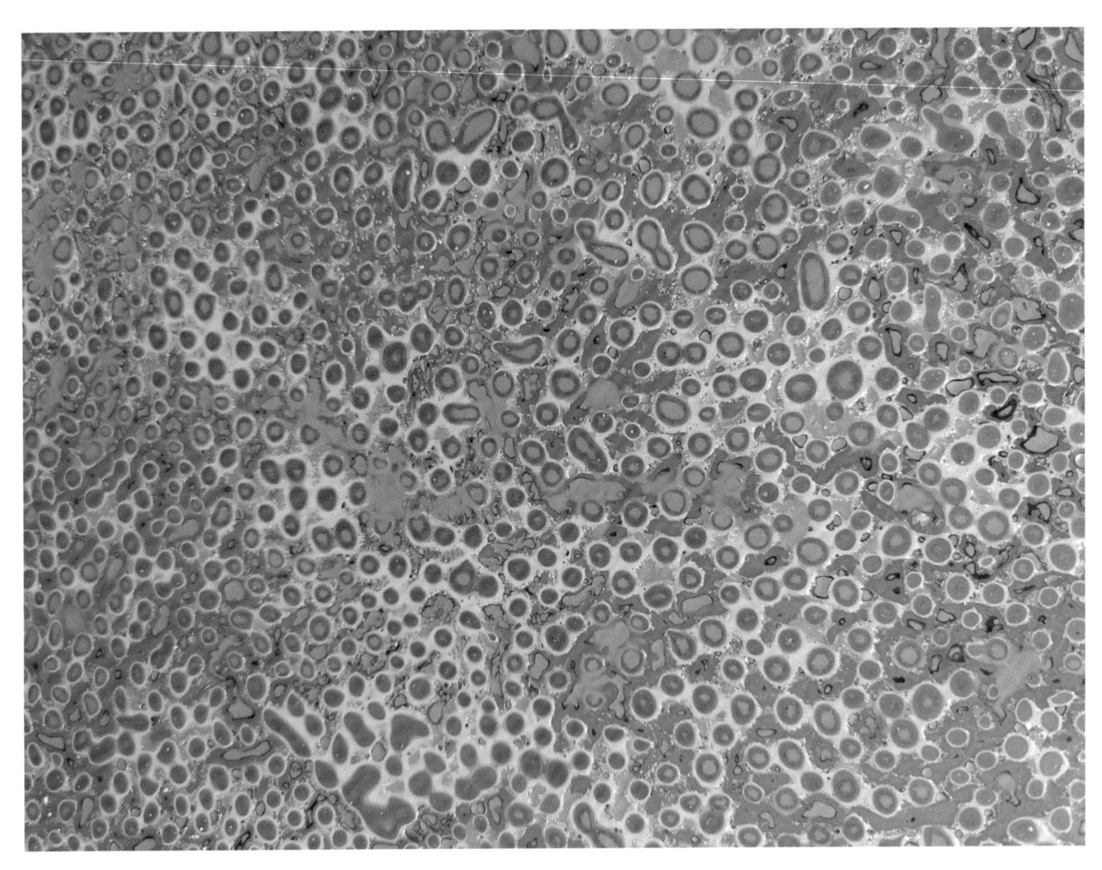

图 4-17 漆画《遥瞰城市系列》 翁纪军作品

4.2.2 媒介物起纹

媒介物范围广泛，是指豆子、大米、荷叶片（或纸片），树叶、麻布片、松针等自然界、生活中的造物。在刷好漆的胎底上将媒介物摆放上去，利用它们的躯体留下的痕迹成纹，这种技法被称为媒介物起纹。

（1）媒介物起纹工艺制作程序（以叶子起纹为例）

① 备好漆胎。

② 选择形态好看的叶子，夹于书中，用重物压几天定形。

③ 刷一道较厚的漆（最好为较硬的陈漆）。

④ 将压好的叶子摆放在刚刷好的漆面上，压重物，使叶子紧贴漆面，入荫。

⑤ 干后揭去叶子，用稀释剂将叶子下未干的漆清洗干净。

⑥ 贴箔。

⑦ 罩透明漆。

⑧ 用 1000#~2000# 水砂纸进行磨显，直到效果满意为止。

⑨ 推光揩清（如图 4-18 ~ 图 4-28）。

图 4-18 松针起纹

Note :

图 4-19 叶子起纹

图 4-20 叶子起纹肌理压重物

图 4-21 松针起纹肌理

图 4-22 枫叶起纹肌理

图 4-23 起纹肌理罩色漆

图 4-24 叶子起纹肌理磨显

图 4-25 豆子起纹

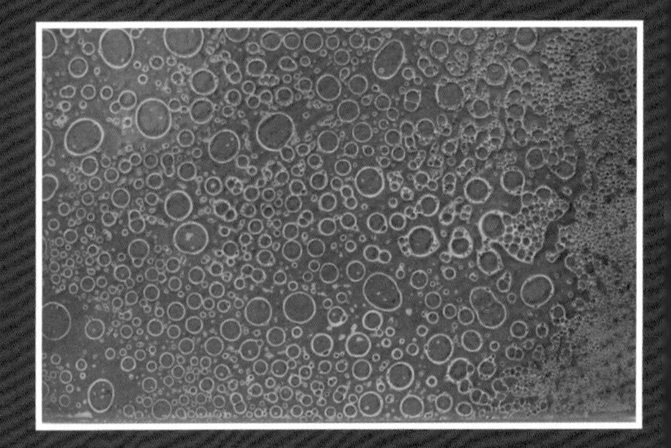
图 4-26 豆子起纹肌理

图 4-27 各种起纹肌理漆板

图 4-28 中国美术学院起纹肌理漆板

（2）粗布起纹工艺制作程序

① 备好已完成涂漆的胎体。

② 刷红色漆一道（也可以是任意色），要稍厚，入荫。

③ 在色漆半干之际压上粗布，继续入荫。

④ 揭下粗布。

⑤ 刷黄色漆一道（也可以是任意色），要稍厚，入荫。

⑥ 刷绿色漆一道（也可以是任意色），要稍厚，入荫。

⑦ 研磨。

⑧ 推光揩清（如图 4-29）。

Note：

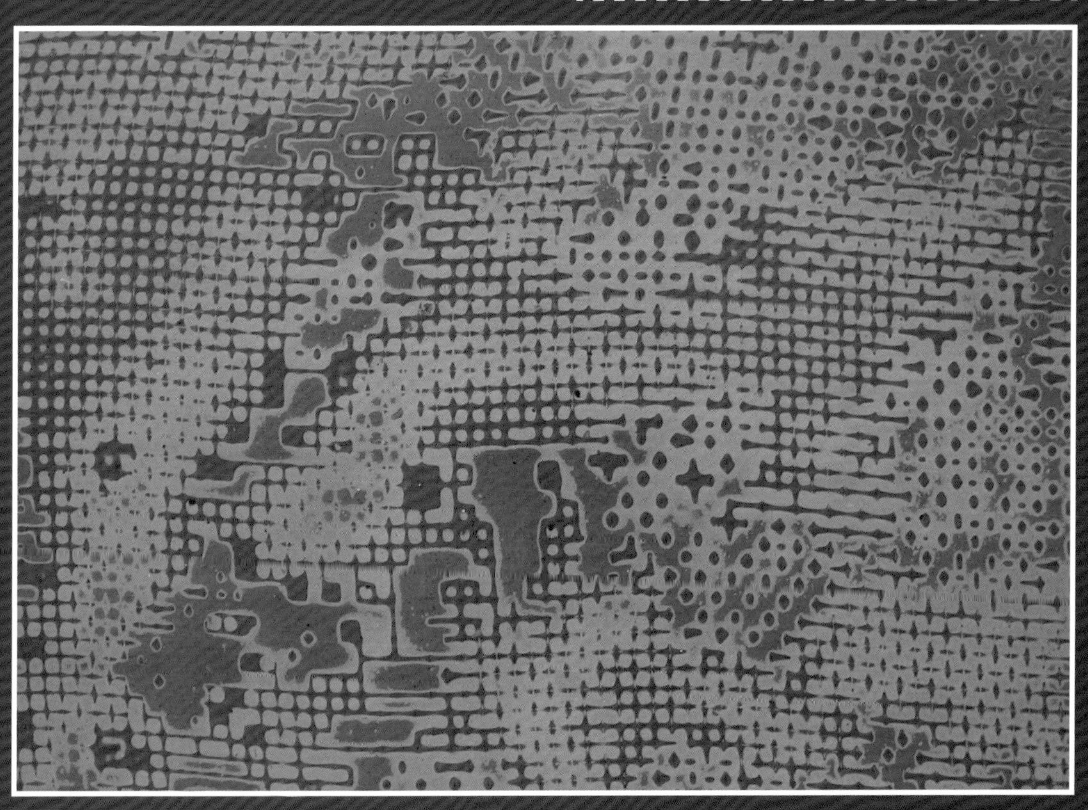

图 4-29 布贴起纹肌理

4.2.3 粉粒物起纹

粉粒材料是指木粉、蛋壳粉、螺钿粉、色漆粉、金属粉等。这些粉粒撒在漆面上再髹以各种不同的色漆固粉，就会呈现出斑纹，这种技法被称为粉粒物起纹。

（1）螺钿粉起纹工艺制作程序

① 在已备好的漆胎上刷一道黑推光漆，要稍厚。

② 然后用粉斗很自然地撒上少许螺钿粉粒，入荫。

③ 刷一道黑推光漆以固粉，入荫。

④ 再刷红推光漆一道，入荫。

⑤ 用 1000#~2000# 的水砂纸磨显。

⑥ 推光揩清。

（2）色漆粉起纹工艺制作程序

① 刷黑推光漆一道，然后撒上任意色漆粉，入荫。

② 刷白色漆一道，入荫。

③ 刷黑推光漆一道，入荫。

④ 贴箔（也可以不贴箔）。

⑤ 罩透明漆，入荫。

⑥ 用 1000#~2000# 的水砂纸磨显。

⑦ 推光揩清（如图 4-30）。

图 4-30 色粉起纹肌理研磨

4.2.4 稀释剂起纹

将一种或数种经过稀释后的漆滴入水中，随着搅动出现自然变化，即兴将其泼洒在漆面上，会产生出其不意的效果。这些变化都是在瞬间进行的，生动、神奇、美妙，被凝固在画面之中。这种技法被称为稀释剂起纹。

（1）稀释剂转移类工艺制作程序

① 可任意选色漆，将其稀释备用，稀释剂一般选用松节油、汽油、煤油等。

② 备好已完成涂漆的漆胎。

③ 将已稀释的漆滴入已备好的水盆中，随着搅动漆在水中迅速地起着变化。

④ 用薄且结实的纸迅速将纹样印下并将它转移到漆胎上（也可以将漆胎放在水盆下由下向上将纹样捞起）。

⑤ 用吹风机将漆胎上的水分吹干，趁漆未干时在纹样上撒上金属粉或色漆粉，入荫。

⑥ 可将纹样稍作修改，直到满意为止，然后着任意色漆固粉。

⑦ 用 1000#~2000# 的水砂纸磨显。

⑧ 推光揩清。

（2）稀释剂流动飞溅类工艺制作程序

① 备好已稀释的色漆（被称为漂流漆）。

② 将黑推光漆稀释并刷在已备好的胎体上备用。

③ 根据设计将色漂流漆洒在漆胎上，操作时可保持一定的高度，由于自上向下的力作用，会产生一种四处飞溅和凹凸不平的肌理，还可以根据需要使漆面倾斜便于漆液的流动，让它们之间充分地相溶，入荫。

④ 罩透明漆。

⑤ 用 1000#~2000# 的水砂纸进行研磨，不一定要磨平，效果好即可。

⑥ 推光揩清（如图 4-31）。

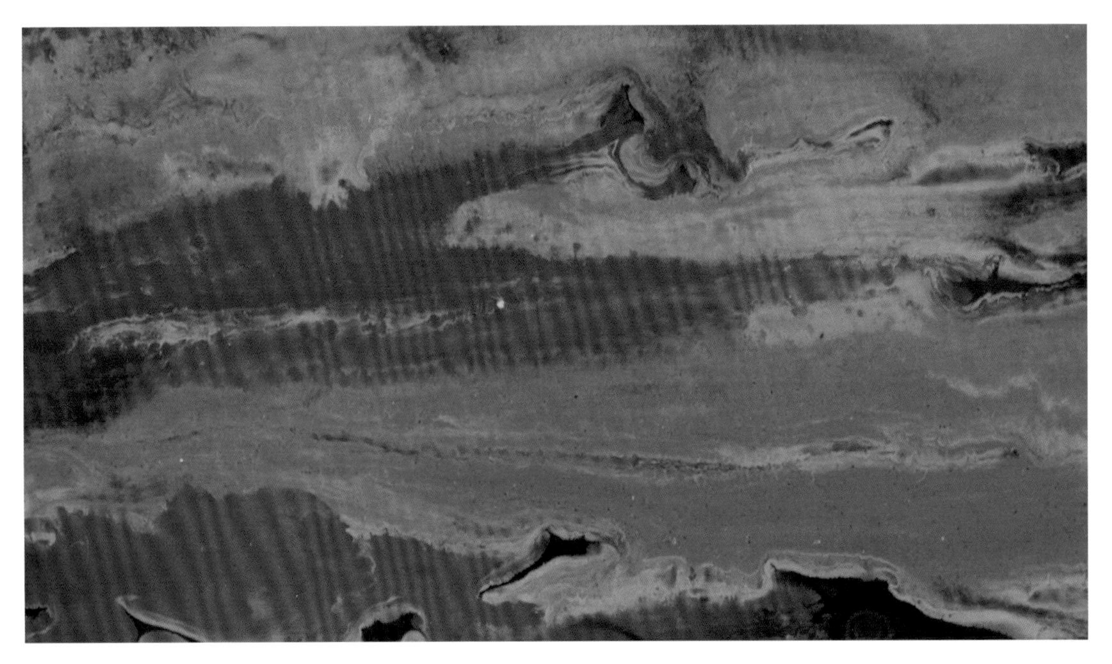

图 4-31 漂流漆

4.3 镶嵌表现技法

漆有极强的黏接性、包容性和固化性，以漆为媒介镶嵌和粘贴一些装饰材料，如金、银、珍珠、贝、玉石、珊瑚、绿松石、兽骨、蛋壳等在漆胎上的技法称为镶嵌。根据装饰材质的不同可分为蛋壳镶嵌、螺钿镶嵌、金属镶嵌、骨石镶嵌等。

4.3.1 蛋壳镶嵌

蛋壳镶嵌工艺制作程序：

① 将蛋壳放入白醋中腐蚀十分钟之后，用细砂纸轻轻打磨蛋壳，露出白色蛋壳，也可用蛋壳本色。

② 将蛋壳浸泡在水中除去内壁中的薄膜，并用生漆涂在它的内壁上（以增强蛋壳的强度）。

③ 拷贝纹样。

④ 镶蛋壳。用画笔将漆涂在纹样上并用镊子将蛋壳放上，用牛角刮刀轻轻地平压，再用竖刀压实，蛋壳便会出现自然的龟裂纹，再调整疏密大小关系，表现物体黑白灰关系时，最亮处蛋壳块大且密；相反，物体暗部蛋壳就疏松且小。

⑤ 入荫。

⑥ 修形。用刮刀将漆刮于蛋壳之上以填补裂纹之间的空隙、入荫（反复几次，直至漆与蛋壳平齐）。

⑦ 用 600#~1500# 的水砂纸依次进行磨显。

⑧ 推光揩清（如图 4-32 ~ 图 4-36）。

Note：

图 4-32 贴蛋壳肌理效果

图 4-33 蛋壳镶嵌技法

图 4-35 蛋壳镶嵌漆艺饰品系列二

图 4-34 蛋壳镶嵌漆艺饰品系列一

图 4-36 蛋壳镶嵌漆艺饰品系列三

4.3.2 螺钿镶嵌

螺钿镶嵌即贝壳镶嵌。经加工后的螺钿，在光线的照射下流光溢彩，可以很好地弥补漆的色彩不足。螺钿有薄厚之别，厚螺钿又称之为硬螺钿，一般用于浮嵌。薄螺钿又称软螺钿，一般用于平嵌。螺钿加工成纹样的方法有针切、用线锯加工或腐蚀等方法。螺钿粘贴的方法有：用漆糊粘贴、骨胶法和用化学胶粘贴等。

（1）螺钿纹样加工方法

① 针切法。对于薄螺钿用针切就可以。用针笔反复地在纹样上划刻，纹样会很容易地脱落下来。

② 线锯加工。对于厚螺钿需要用线锯锯，将纹样图纸用胶水粘贴在厚螺钿片上，然后用线锯沿着纹样的外轮廓线锯下。

③ 腐蚀法。

将螺钿粘贴在漆胎上；

需要保留的纹样用漆将螺钿全部覆盖（起保护作用），入荫；

然后将其放入稀盐酸中去腐蚀，由于漆具有抗腐蚀性能，所以除了已罩漆的纹样外，其余部分就会被腐蚀掉；

用清水将漆胎上的稀盐酸冲洗干净。

（2）螺钿粘贴方法

① 用漆糊来粘贴螺钿是较为传统的方法，漆糊的比例为漆 : 糊 =5:5。

② 随着科技的发展，各种强力的化学胶也应运而生，在已完成推光揩清的漆胎上，将螺钿纹样用化学胶快速粘贴好，即可。

③ 骨胶法：韩国漆艺螺钿镶嵌法十分擅长，骨胶法是它们常用的技法之一。

将纹样拷贝在透明的硫酸纸上；

将已加工好的螺钿纹样用胶水粘贴在硫酸纸上；

在漆胎上通体刷一层骨胶，随后把贴了螺钿的硫酸纸粘贴在漆胎上，用电熨斗加热，可以加速它们之间的衔接，待干。

用清水把硫酸纸洗掉；

用温水把地子上多余的骨胶清洗干净；

通体罩推光漆；

用 1000#~2000# 的水砂纸磨显；

推光揩清。

（3）螺钿镶嵌法

① 浮嵌。把厚螺钿雕刻成有立体感的浮雕状，然后将其嵌在漆胎上的技法，被称为浮嵌。

锯纹样，将纹样拷贝在螺钿片上并用线锯将其锯下；

镌刻，用雕刻刀将纹样雕刻成浮雕后，用 1000#、1500#、2000# 的水砂纸依次进行打磨并推光；

将纹样粘贴在已完成推光的漆胎上。

② 平嵌。我国元代就已有这种技法，扬州的“点螺”驰名中外。薄若蝉翼的螺钿，后面可以根据需要衬色，把它粘贴在漆胎上，再通体罩漆，然后进行磨显，被称之为平嵌。

具体技法：

加工薄螺钿片；

用针或利刀切出纹样或将其揉成碎片备用；

用漆糊将螺钿纹样粘贴在漆胎上，或像蛋壳镶嵌那样将螺钿碎片粘贴在漆胎上组成所需纹样；

通体罩推光漆；

用 1000#~2000# 的水砂纸进行磨显；

推光揩清（如图 4-37 ~ 图 4-41）。

Note：

图 4-37 螺钿漆器

图 4-38 螺钿漆器

图 4-39 螺钿漆器

图 4-40 螺钿漆器 冯小娜作品

图 4-41 民国 漆器镶螺钿茶箱

4.3.3 金属镶嵌

凡是把金、银、锡、铅、铜等金属薄片或细线，镶嵌在漆胎上的技法，都称为金属镶嵌。我国唐代就十分盛行此技法，被称为金银平脱，后传入日本被称为“平文”。由于金银的成本昂贵，福州和成都用锡替代银来进行金属镶嵌，这种技法又被称为“台花”，主要有刀刻法和腐蚀法两种。

①平文。

将金银板加工成纹样，金银板厚度为 1~5mm，先将纹样拷贝上去，然后用锋利的刀或特制的剪刀将其剪下；

将纹样用漆糊或胶粘贴在已完成涂漆的胎上；

通体罩推光漆；

用 1000#~2000# 的水砂纸进行磨显；

根据需要还可以在金银纹样上雕出更细致的花纹；

推光揩清。

②台花（刀刻法）。

将鱼鳔胶和生漆调和在一起作为黏合剂备用（由于漆与金属的黏合力不太好，而鱼鳔胶的黏性好而又不怕水，所以将生漆与鱼鳔胶调和在一起使用）；

锡片的厚度约为 1mm；将黏合剂均匀地涂在锡片上，备用；

贴锡片，将锡片依次贴在装饰部位，衔接处稍加重叠，入荫；

等稍干后在重合处用刀画线并剔去多余部分；

将纹样拷贝在锡片上；

刻纹样，用斜口刀在锡片上刻出纹样，同时剔去刻下的多余锡碎片；

通体刷推光漆 1~2 遍，用小号刮刀将覆盖在锡片上的漆刮去，便于磨显；

磨显，用 800#~1000# 的水砂纸依次磨显，最后使锡片纹样清晰露出并与漆面一样平；

也可以根据需要在纹样上雕刻出细致的花纹。

③台花（腐蚀法）。

用鱼鳔胶调漆将锡片贴在漆胎上，并拷贝纹样；

用漆在锡片上画纹样，起到保护纹样的作用，入荫；

腐蚀，利用漆的抗腐蚀性将漆胎放入稀盐酸中，凡是涂漆的纹样就被保留下来，而没有涂漆的部分就会被腐蚀掉；

通体刷推光漆 1~2 遍；

研磨；

推光揩清。

4.3.4 骨石镶嵌

综合运用骨角玉石的镶嵌技法被称为骨石镶嵌，也被人们称为“百宝嵌”。此技法可以追溯到良渚文化时期浙江省余杭县瑶山遗址出土的“嵌玉高柄朱漆杯”。后发展为追求以金银玉宝的“百宝嵌”，到了清代，扬州进一步发展了这种工艺，但他们不滥用宝石，不堆砌金银，镶嵌任用天然美材，显得别开生面（如图 4-42、图 4-43）。

图 4-42 百宝嵌漆盒

图 4-43 明代 大漆嵌百宝花鸟盒

4.4 刻填表现技法

凡在漆面上用刀刻、针划再填入金银或彩漆的技法称为刻填表现技法。它又分为戗金和雕刻两种。

4.4.1 戗金（沈金）

用各种刀具、针具在已打磨推光好的漆面上，以点线面的形式刻画出纹样，然后再施以金银粉（或贴金银箔）或色漆的技法，被称为戗金。早在战国时就已经开始有这种技法。马王堆三号汉墓出土的漆盒中就出现了生动的人逐兽的针刻画面。在元代戗金也十分盛行。日本延祐二年（1315）传入日本并逐步得到发扬光大，成为日本漆艺最主要的两大装饰技法之一（如图 4-44、图 4-45）。

戗金工艺制作程序：

将画稿用复写纸拷贝在已推光好的漆板上；

用各种刀具、针具在漆胎上或刻或划；

用脱脂棉蘸上生漆在有纹样处反复地揉擦，而使凹下部位的漆留存下来；

用棉布垫上小平木块，将表面多余的漆擦掉，而使凹下部位的漆留存下来；

用丝绵蘸上很细的金银粉（金银箔）轻轻地蘸在有漆的纹样处；

入荫待干；

修整。

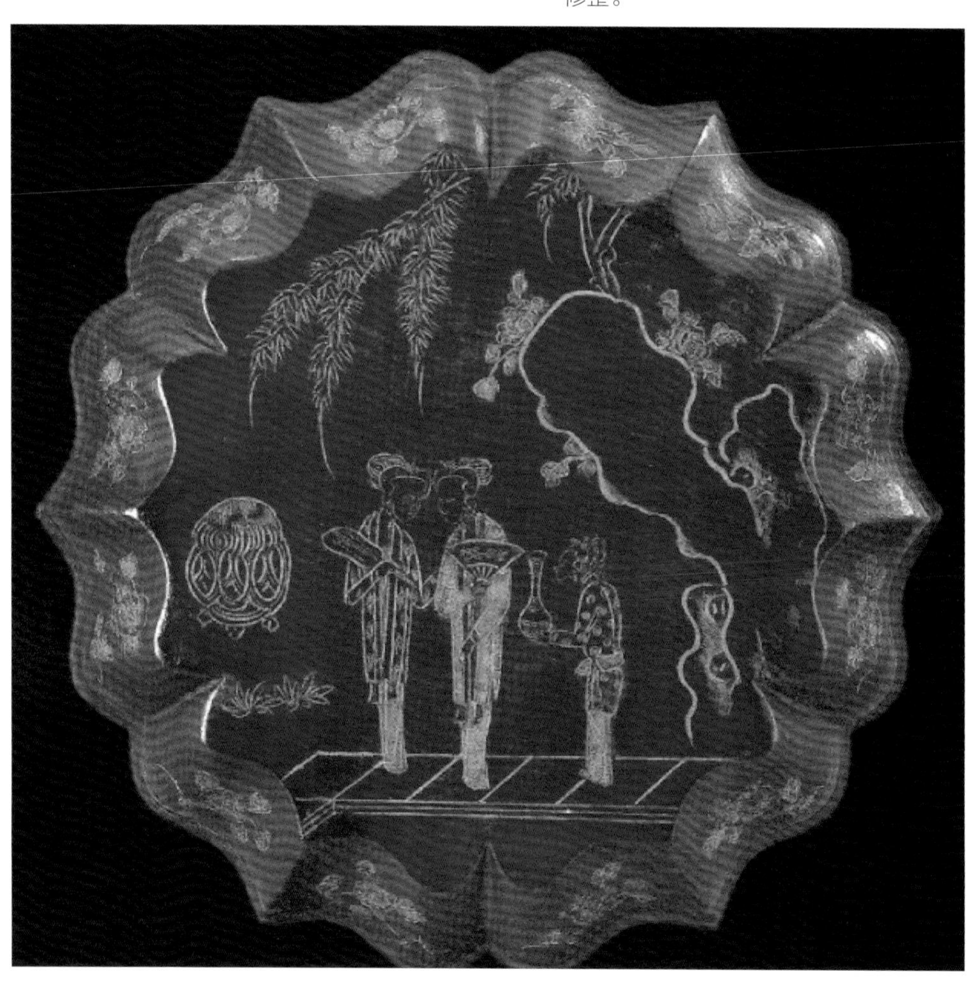

图 4-44 南宋 人物花卉纹朱漆戗金莲辨式奁漆器

图 4-45 戗金漆器

Note：

4.4.2 雕刻

（1）雕填工艺

用刀具在漆面上刻出阴纹（凹下的纹样），再填入彩漆，并将其打磨推光的技法，被称为雕填工艺。这种工艺流行于缅甸，雕填又分为以线为主和以面为主两种。北京和扬州是以刻线为主，成都的雕填则以刻面为主，雕填的漆底胎为特制底胎（如图 4-46 、图 4-47）。

雕填工艺制作程序：

拷贝纹样；

调制较为稠厚的色漆备用；

雕刻，用斜口刀刻纹样的边缘线，并用平口刀将其铲平，刻时如果太深会伤底子，如太浅漆皮又不易被铲除；

用牛角刀将色漆刮入凹下去部位，一般需要几次才能完成。如果漆厚了很容易起皱，也可以在阴文处贴金银箔，然后罩漆研磨，它们会出现不同的效果；

研磨，用 1000#~2000# 水砂纸进行打磨，要求漆面要平；

推光揩清。

Note：

图 4-46 雕填刻漆

图 4-47 雕填罩漆

（2）雕漆（剔红、剔犀）

剔犀工艺始于唐，传承至今已有一千多年历史。 剔犀，一般情况下都是两种色漆（多以红黑为主）分层相间髹饰，直至一定厚度后，再施以刀刻。因刀口清晰地显露出不同色彩层次的纹理，与犀牛角的横断面纹样相似，故名“剔犀”。

剔犀工艺制作程序：

拷贝纹样；

调制较为稠厚的两色漆备用；

先用一种颜色漆刷若干道，积成一定厚度，再换另一种颜色漆刷若干道，有规律地使两种色层达到一定厚度；

雕刻，用刀以 45° 角雕刻出纹样；

研磨（如图 4-48）。

图 4-48 剔漆捧盒

Note：

4.5 磨绘表现技法

凡在已完成涂漆或正上涂漆的胎体上播撒粉状物或画彩漆后，罩漆磨显的技法，被统称为磨绘技法。它主要有莳绘、高莳绘、磨绘等三类。

4.5.1 莳绘

在漆胎上用厚料漆进行漆绘，趁厚料漆将干未干之际利用金银粉的疏密变化进行描绘的技法，日本称为“消粉莳绘”，福州称为“晕金”，北京称为“锼金”“扫金”。

莳绘从字面上的理解是撒金属丸粉、螺钿粉、干漆粉等有一定厚度的粉类，再罩漆并研磨推光。此技法为中国传统技法，后传入日本，到今天它已发展成为日本漆艺中最具特色的代表性技法。它具有两个特点：一个是金属光泽与漆本身的光泽相互呼应，形成一种金碧辉煌的效果；二是它类似中国的工笔重彩，有着一种深浅浓淡的渐变，具有色彩丰富和厚重的效果。

莳绘工艺制作程序：

在已完成涂漆的胎体上拷贝纹样；

备好莳绘用底漆，此漆只起粘住丸粉的作用，在推光漆中加入少量的樟脑油使其流平性好，此外还要在底漆中加入些钛白粉，目的是可以清楚看到漆涂地是否均匀；

平涂底漆；

把莳绘用漆均匀地涂画在拷贝好的纹样上；

撒金属粉或色漆粉，将丸粉装入粉斗内，拇指与食指捏住粉斗，用中指或无名指轻轻敲动粉斗，粉就会纷纷落下，将金属粉撒在纹样的外部边缘处，由外向内渐变由多及少，或由少及多，然后通体撒色漆粉；

罩漆固粉，可以用色漆渲染的方法，也可以用平涂的方法固粉；

研磨，用 1000#~2000# 的水砂纸研磨；

推光揩清。

4.5.2 高莳绘

用木炭粉在漆胎上将纹样堆高，再将其打磨成浮雕状，然后在上面进行莳绘的技法，被称为高莳绘（如图 4-49 ~ 图 4-51）。

高莳绘工艺制作程序：

在已完成涂漆的漆胎上拷贝纹样；

用一遍生漆一层木炭粉反复逐层将纹样处堆高；

打磨出浮雕纹样；

在浮雕纹样上做莳绘工艺；

磨显；

推光揩清。

图 4-49 色漆粉莳绘漆画

图 4-50 色漆粉莳绘漆盘

Note：

图 4-51 莳绘漆器

4.5.3 磨绘

（1）铝箔粉磨绘

铝箔粉具有较好的光泽和肌理效果，但铝箔粉对人体有毒害作用，要安全使用。中国的铝箔粉磨绘与日本的金银莳绘有以下几个不同点：

材料形态上，莳绘金属为丸粉，而铝箔粉则是麦麸状；

材料感觉上，金银粉完全可以磨显出来，而铝箔粉则是被罩在漆层下复合而成的一种新的色彩和感觉；

表现技法上，莳绘是靠撒粉的疏密渐变来表现明暗关系，铝箔粉磨绘是靠画笔的渲染和研磨来表现明暗关系。铝箔粉磨绘又分为透明漆磨绘和非透明漆磨绘，前者晶莹厚重，更具金属感，而后者铝粉的效果不是很明显，但也会出现斑驳的肌理和柔和的金属光泽（如图 4-52、图 4-53）。

铝箔粉磨绘工艺制作程序：

在已完成涂漆胎上拷贝纹样；

在纹样处平涂透明漆，待用；

撒铝箔粉，它的粗细要根据画面的需要而定；

在铝箔粉上渲染结构，也可以用小立刀刮出

薄厚以表现结构；

在铝箔粉上罩透明漆；

通体罩透明漆；

磨显，要根据需要磨出深浅变化；

推光揩清。

图 4-52 铝箔磨绘花器

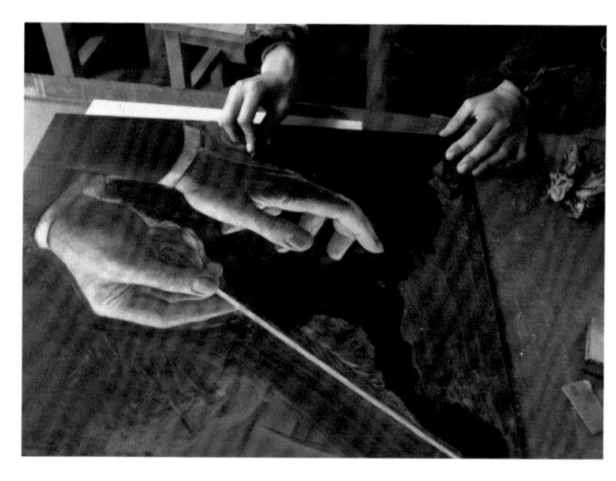

图 4-53 铝粉磨绘漆画

（2）木粉磨绘

可在漆面上通体铺木粉，然后根据设计稿罩透明色漆，研磨后会使色彩质感显得丰富（如图 4-54）。

木粉磨绘工艺制作程序：

刷上中涂漆后通撒木粉；

入荫待干；

干后在木粉上拷贝纹样；

用色漆绘纹样，入荫；

通体罩透明漆；

研磨，也可以根据需要磨出深浅的明暗关系；

推光揩清。

图 4-54 木粉磨绘提梁食盒

Note：

4.6 描绘表现技法

凡在已完成推光的漆胎上用画笔直接描绘纹样，不再罩漆，不再研磨，不再推光，这一类技法被统称为漆的描绘技法。用漆描绘花纹的历史悠久，楚汉漆器大多用此技法，马王堆汉墓出土了大量彩绘漆器。

色漆是由透明漆和可入漆的颜料粉研磨调制的，有时也要加入少许的桐油或樟脑油。色漆在干燥后颜色会变得暗，随着时间的推移和氧化作用，还会还原。漆的描绘表现主要有晕金、箔绘和彩绘，而彩绘又分为描漆彩绘和描金彩绘。

4.6.1 描漆彩绘

描漆彩绘，多为平涂，可点线面结合，或阴阳两面渲染，色彩绚丽且富有装饰性，它可以是单色的，例如汉代的漆器，也可以为复色，也可用更多的颜色像中国的工笔重彩。描漆彩绘可以单独进行，也可以与晕金描金等技法结合使用（如图 4-55、图 4-56）。

描漆彩绘工艺制作程序：

选笔，色漆比较黏稠，运笔有一定的难度，一般要选用那种毛长且硬的笔；

将画稿拷贝在已打磨推光好的漆胎上；

调制色漆，漆的比例较少，色彩就越鲜艳，为了使色漆更加明快且延长干燥时间，一般还要加入一些桐油以便操作；

绘纹样，它的画法像工笔重彩，先调出同一色相深浅两种色漆或调出两种不同色相的色漆，分别用两支笔描绘，两色相接处用第三支笔进行渐变的渲染，入荫；

干后即可。

图 4-55 描漆彩绘漆艺花瓶

图 4-56 描漆彩绘漆画

Note：

4.6.2 描金彩绘

描金多与描漆彩绘结合进行，它可以画在已完成推光的漆胎上，也可以画在已打完薄料的漆胎上，适合色彩鲜艳的描漆彩绘（如图 4-57、图 4-58）。

描金彩绘制作程序：

将纹样拷贝在已完成推光的漆胎或已打完薄料的漆胎上；

用金漆、色漆进行彩绘或渲染或平涂；

干后即可。

图 4-57 清代 大漆描金柜

Note：

图 4-58 大漆描金彩绘木盒

4.6.3 箔绘

在已推好光的漆胎上用金地漆描绘纹样，然后撒箔粉或采用贴箔一类技法，被称为箔绘，它也叫描金工艺。金又被分为偏暖色的赤金和偏冷色的青金，由于金不会氧化，所以永不变色；而银略差，所以底漆要用黑漆，这样银才会亮（如图 4-59~ 图 4-62）。

箔绘工艺制作程序:

备已推光好的漆胎，并拷贝纹样；

调制金地漆，金地漆由比例为 6:4 的精致漆与桐油调制而成，并加少量钛白粉以观察金地漆的薄厚是否均匀；

用金地漆描绘纹样，画线可用很细的鼠毛笔。金地漆要涂得薄而均匀，如果不够均匀，可用皮纸或高丽纸覆盖在漆面上，然后揭下，脱去多余的金地漆，入荫；

贴箔，在金地漆将干未干之际，用竹夹子将箔片一片片贴在金地漆上，用软毛笔轻轻敷压，也可以用丝绵球蘸上少许箔粉轻轻地揉擦，一定要让箔片贴实，最后用软毛笔清扫多余的箔粉，回收再用。

Note：

图 4-59 箔绘系列漆艺饰品

图 4-61 贴箔彩绘花器

图 4-62 贴箔彩绘首饰盒

图 4-60 箔绘漆盘

Note：

4.7 堆塑表现技法

在平滑的漆面上，用稠漆、木炭粉、干漆粉、漆灰或胶灰等材料进行堆塑，然后再在高起的纹样上装饰加工，这类方法称为堆塑。长沙马王堆一号汉墓出土的外棺漆画，其流动的线条就是用漆灰堆起的，将漆灰装进特制的工具然后挤绘。现代的堆塑技法更加丰富，按其形态可分为线堆、面堆、薄堆、高堆等，按其材料可分为漆堆、炭粉堆、漆灰堆等，一般来说，线堆、面堆、薄堆用漆和炭粉，高堆则适宜用漆灰、胶灰。

4.7.1 线堆

《髹饰录》“识文”中说：“有平起，有线起。其色有通黑，有通朱”。其中“线起”就是说的线堆。

线堆工艺制作程序：

准备胎板；

拷贝图稿；

堆线，以鼠毛笔蘸稍稠厚之黑推光漆依纹画线两道，要稍厚，每次入荫；

灰擦，以发团蘸细瓦灰擦漆面，以擦去漆面之浮光，也使线条更加圆润；

上色，将古铜色银泥，以手拇指球薄敷；

用漆拌和颜料成泥状，再碾压成漆线，贴于漆面。

4.7.2 面堆

面堆即《髹饰录》“识文”中说的“平起”。花纹堆起较薄，无高低起伏，类似汉代画像石，色彩比较单纯，可以朱地朱文，黑地黑文，也可以黑地朱文，朱地黑文，朴素雅致。

面堆工艺制作程序：

拷贝图稿；

涂黑漆，在需要堆起的地方，平涂一道黑推光漆（纹理留下阴文），要厚薄均匀；

撒漆粉，立即撒上黑色干漆粉，入荫；

固漆粉，用樟脑油稀释后生漆薄涂一遍，入荫；

涂黑推光漆，在漆粉上涂黑推光漆一道，入荫；

涂朱漆，通体涂红漆一道，入荫；

研磨，以水砂纸垫方木块平磨出黑色漆粉；

灰擦，以发团蘸细瓦灰擦去地子上红漆之浮光及尘埃颗粒；

先堆面，面上堆线和点，也有很好的效果。

4.7.3 薄堆

用炭粉多次堆起，有起伏，像浮雕。

薄堆工艺制作程序：

准备胎板；

拷贝图稿；

第一次堆，在图稿最需要凸起的地方涂一道黑漆，随即撒上细炭粉，入荫；

第二次堆，较第一次涂漆的凸部在扩大面积涂黑漆，随即撒上细炭粉，入荫；

第三次堆，纹样部分全部涂上黑漆，入荫，如果需要还可以第三次撒炭粉；

研磨，顺着斜度打磨，因高处已有二层炭粉一层黑漆，低处只有一层黑漆，因此形成斜坡状的高低起伏；

涂漆，全面髹黑漆一道，入荫；

研磨，顺着斜度打磨；

上色，古铜色银泥用手掌轻敷，更加强了光影效果。

Note：

4.7.4 高堆

高堆比薄堆花纹更厚更高，犹如高浮雕，适宜装饰大块面的作品，既可数次堆成，也可一次堆起。一次堆起者，堆漆材料非常重要，一要求能干，二要求牢固，使用材料如下（如图 4-63、图 4-64）。

图 4-63 堆碳粉

图 4-64 堆碳粉刻纹样

生漆 20% 左右，作结合剂，起坚牢作用;

黄灰 35% 左右，作填充剂;

石膏粉 20% 左右，起干性作用;

桐油少量，起脱离剂作用;

滑石粉 20% 左右，起绵软作用;

二氧化锰少许，起催干作用。

以上材料混合成为雕塑泥一般的材料，具体制作程序如下:

拷贝图纸;

堆塑，要注意物体的影响处理;

研磨，顺着纹样的高低起伏用水砂纸研磨平顺;

涂漆两道;

研磨，要求平顺;

装饰，结合其他工艺方法装饰完成。

Note：

漆画《长安街》邓莉文作品

PART 5

漆艺饰品
设计理念与方法

“生活的艺术化”及“艺术的生活化”，影响了漆艺饰品设计发展的方向。漆艺饰品设计应从传统漆艺材料、技术、形色观等中学习与借鉴，在融合传统的基础上走向创新，使审美朝多维度发展，功能合乎现代生活方式需求。

5.1 漆艺饰品设计生活化

工业革命后，随着科学技术的进步、生产水平的发展，人们观察方式、思维方式、行为方式、生活方式的改变，审美的触角不再只聚焦于纯艺术，审美文化向日常生活渗透已成为不可忽视的文化现象。20 世纪后半期，受商业浪潮的影响，出现新兴审美现象——日常生活审美。这个概念源自英国诺丁汉大学 · 迈克 · 费瑟斯通《消费文化与后现代主义》（译林出版社，2000）一书。作者认为，人们在用审美标准改造日常生活环境，使整个社会呈审美化存在，这种思潮使艺术越来越深入人们日常生活，趋于大众化。沃尔夫冈 · 韦尔施（Wolfgang Welsch）认为当今生活存在明显“美学转向”趋势，深刻影响了人们对生活、对审美的理解。美国哲学家、教育家、心理学家约翰 · 杜威（John Dewey,1859—1952）在《艺术即经验》（杜威著，高建平译，商务印书馆，2005）一书中倡导创造“生活的艺术”，艺术是审美集中的表现，提倡将艺术融入日常生活，开辟了当代美学新境界。以上论述探讨了艺术从精英化到大众化，即“艺术的生活化”问题，以及“生活的艺术化”双向问题。

现代社会生活朝精致化、审美化方向发展，日常生活离不开林林总总的商品，商品成为拉近与融合生活与审美的催化剂。但消费经济下的商品表现出功利性、趋同性特征，使日常生活审美停留于视觉表层，忽略了文化、历史、哲学等深层次内容。在此背景下，设计师在关注如何帮助人们美化日常生活的同时，更应思考审美该何去何从，正确引导人们日常生活审美，由此衍生出有内涵的、能满足各种消费需求的产品。

漆艺饰品作为优秀的传统工艺美术类型，在历经工业化、商品化时期冲击后，早已成为一种束之高阁的艺术形式，而非生活形式存在。远离现代生活的漆艺失去了前行的动力，而无论是“艺术生活化”，亦或“生活艺术化”都给传统漆艺指明了方向。漆艺的传承与发展，必须与时代新理念俱进，合乎时代审美取向，创新生活方式，才能始终焕发新的活力。中国现代设计离不开传统工艺美术的土壤，通过传统漆艺工艺与现代设计融合，结合现代生活审美需求，方可创造具有良好生活美学内涵的漆艺饰品（如图 5-1~ 图 5-16）。

漆艺饰品生活化可通过以下途径得以保证：

① 从文博创意产品、文化旅游品、日常生活用品多个端口介入漆艺饰品的创新设计，扩大漆艺在当代社会生活中的影响力，在日常生活中传递中华文化意蕴，传播中国美学范式。

② 通过与家居行业（家具、灯具、家用电器、画品、饰品等）的跨界和融合，实现资本与漆艺文化资源的对接。

③ 发展漆艺与生活关系的专门研究，包括创新人才、产品、项目、机构等的介入研究。

④ 解决漆艺设计创新、工艺改进、产品开发、批量化生产问题，使漆艺从艺术孤品走向贴近生活美学的漆艺饰品的产业化之路。

Note：

图 5-1 漆艺木梳 旅游产品

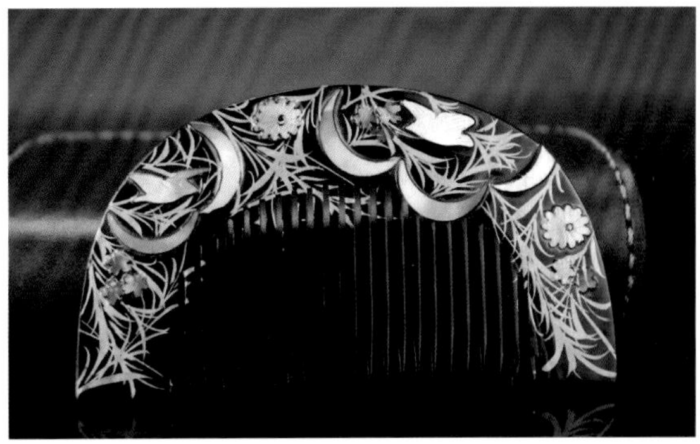

图 5-2 漆艺梳子（日本）

Note：

图 5-3 镜子正面与背面 滕月作品（邓莉文指导）

图 5-4 漆艺盒旅游产品（日本）

图 5-5 漆艺文房旅游产品

图 5-6 漆艺扇子 俞峥作品

图 5-7 苏州漆艺扇骨

图 5-8 漆艺相框

图 5-9 漆艺刀具

图 5-10 台湾漆艺茶具

图 5-11 彩绘漆器柜

图 5-12 漆器饰品

图 5-13 漆器盘

图 5-14 湖南师范大学工学院漆艺片装饰袋

图 5-15 漆艺灯具

图 5-16 湖南工业大学漆艺包装设计

5.2 漆艺饰品设计时代化

服务于生活的功能性产品，应具备时代化特征，时代化体现在审美、生活方式、科技等方面。当下审美呈现出多元化状态，在全球化的同时，地域差异也趋于明显，这为沉寂多年的漆艺迎来发展契机；生活方式今不同古，现代的漆艺饰品理应服务于时代生活方式，但在人们认知中，对漆艺的普遍评价是：传统、老气、沉闷等，难以融入现代生活情景；现代科技飞速发展，漆艺材料、漆艺工具的变革，为漆艺提供了无尽可能。综上所述，设计漆艺饰品时，融入时代化特征极为重要。当然，传统漆艺中有着许多因素值得现代设计学习、借鉴，尤其是千百年来累积下来的丰厚的漆艺材料技法，永远是漆艺饰品的设计之源。漆艺饰品在时代化的审美观、设计观影响下，在现代材料技法、造型、色彩观、功能等的渗透下，实现传统与现代的融合与创新。

（1）材料与技法的融合与创新

传统漆艺，在严谨的工场及作坊制度中形成了极为明显的审美特征，传统漆艺主要是围绕材料与技术的发展而推进，传统意义上对材料的认知是“使用”，强调精致细腻的工艺技术，以“平光亮”作为漆艺技术衡量标准，以“装饰性”作为制作漆器的重要特征。因此无论是素髹还是彩绘、镶嵌、雕填，传统漆器视觉效果都是奢丽的，只不过素髹漆器是低调内敛的奢华，彩绘、镶嵌、雕填漆器是张扬的华丽。但现代审美是个性化的、复杂的，只要科学技术发展不止，生活方式演绎不断，漆艺饰品在材料应用与技法表现上就应去不断探索更多可能，以适应时代的需求。

① 材料语言从装饰性到多维性的转换。

张国龙、栗宪庭先生对话录中提到：研究材料，还是使用材料？这是一个临界点——往左走，是技艺性；往右走，是艺术性。关于材料与技法的问题，传统与现代所体现的不同，范迪安先生为胡伟先生《绘画材料的表现艺术》著作中所作序有说：“中国传统画学的‘重道轻器’观念，与日前对材料与技法的体认的矛盾，实际上就是观念的转换。材料与技法作为观念载体的价值是不可忽视的，否则，观念得不到落实与实现。另一方面，在材料与技法范畴上，转变了以往的单一认识，繁衍出无数的认知。”由此可从根本上来了解漆画的材料与技术语言，解决现存问题。技术语言离不开材料语言，技术语言的指向，实际上是围绕深度挖掘材料语言表现力而展开的，任何表现材料视觉内涵的技术形式都离不开其本体语言在画面的自语。而“漆”材料的本体语言是什么？首先要分析“漆”材料的特点：天然漆的褐与黑、现代漆的丰富多彩，漆液干后具一定的韧性、耐打磨，稀释后的漆具流平性，漆厚涂或与其他可塑材料结合能塑造任何形态，以上几点均体现出了漆材料可塑性特征；漆液富有黏性可作为结合剂与黏结剂，兼容大多数装饰材料，使漆艺具有包容性特征；漆的光泽与半透明性，通过打磨具有内敛光泽，使漆艺具有内在品性。中国源远流长的漆艺传统对“漆”艺语言有着醇深的挖掘，在不断的探求过程中，使得漆艺中的材料美得以从单一的“大漆”之美，拓展到红色之美、金银之美、螺钿之美、蛋壳之美，技术得以从描绘拓展到针刻、彩绘、镶嵌、变涂、雕填、堆、泼等。只是这种拓展由古至今始终是建立在追求华美材料视觉、追求精湛技艺、追求完美装饰结果等审美法则基础之上的，并形成对材料与技术本身审美价值认知的传统。材料与技术语言的内在精神意义一直沦落为边缘化的地位，它们仅仅是作为器物装饰的工具与手段。

西方绘画艺术发展到 20 世纪 20 年代之后，高科技工业化的迅猛发展，直接影响了艺术、设计与艺术、设计观念的变化。从关心艺术材料的思维认知，发展出对材料艺术的关注，艺术家们在长期的创作中逐渐认识到材料本身的审美价值及内涵的精神意义，把材料提升转化为艺术语言的主要地位，材料本体成为人们直接思考与对话的重要形式，从而实现了物质材料自身强有力的审美价值和艺术家的创造价值。中央美院、中国美院、首都师大美术学院在油画、国画、版画以及设计艺术领域，相继出现了综合材料教学实验班，积极探寻观念转换、形式演绎和材料与技法多向的认知，以求发展的契机，油画、版画、中国画等各有成效。从对漆艺材料与技术语言的多向认知切入，漆艺也可拨开迷雾，寻求到发展的方向。

中国漆艺传统有着极为丰富的艺术语言，明代漆工黄大成所著的《髹饰录》，记载了丰富而详尽的漆艺材料与技法，这是一笔来自传统的丰厚馈赠，这一部分遗产，是现今漆艺表达现代感受十分重要的资源。但超越传统，才是继承与发扬的正确方向。如若借鉴发挥得当，将极大地丰富漆艺的语言形态与表现力量，漆艺的发展空间将变得更为宽广。因而对材料本体语言从了解到理解、掌握，再到技法的运用、形式的建立，都必须是建立在超越与转变前人观念的基础之上。无论是多涂平推的悠远、含蓄、淳厚，或是薄涂的轻灵，堆漆的滞涩，泼漆的豪情，在艺术设计的过程中发现漆材料的内在、外在价值，关注材料的主位性、多向性，对材料与技法语言注入个人化理解，并施予多层面的关注、寄情与表现，将使漆材料本体语言以及由它而生的技法有更多的自语空间。在此基础上，漆艺的材料与技法语言才有演绎出多维的可能，实现视觉的个性化、多样化。

中国当代漆艺家追随时代的文化艺术思潮，展开了对漆艺语言的探索，如：程向君、张温帙等的漆艺作品，运用传统大漆材料和丰富多变的漆艺语言，融合传统思维与当代观念，传统与现代、具象与抽象、繁缛与简约、东方与西方，不断地相互碰撞、相互交融，进行创作，重新认识中国传统文化，传达当代漆艺所蕴含的艺术思考与精神诉求（如图 5-17~ 图 5-24）。

Note：

图 5-17 漆画《乡土记忆》 翁纪军作品

图 5-18 漆画《中国医书 · 面相》 程向君作品

图 5-19 漆画《网》 项军作品

图 5-20 漆画《南方有财神》 邓莉文作品

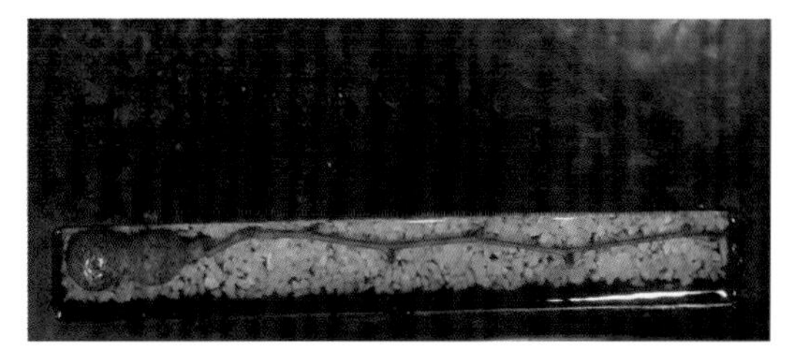

图 5-21 漆艺家具 张温帙作品

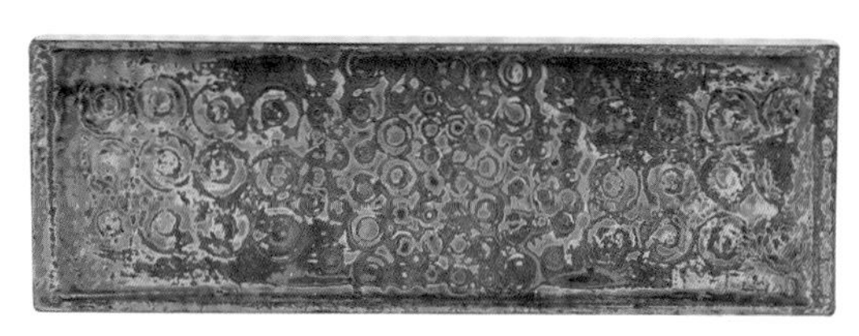

图 5-22 漆艺《方圆》 邓莉文作品

图 5-23 漆艺《涟漪》 邓莉文作品

Note：

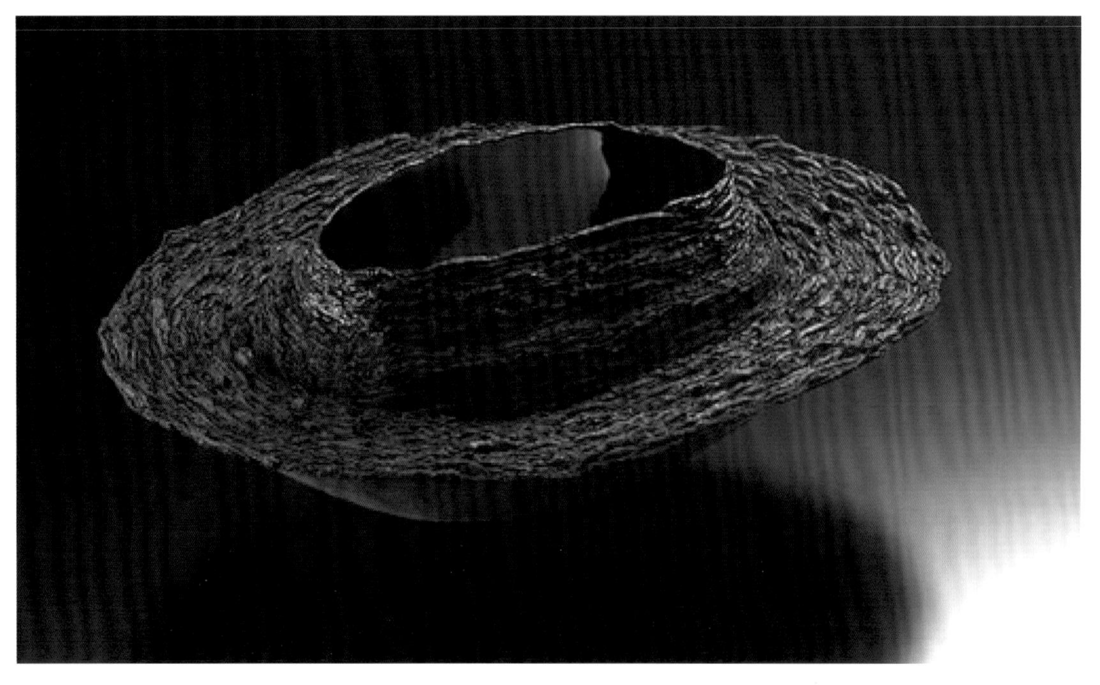

图 5-24 绳胎漆器

② 新材料、新技术的融入。

人类从未停止对新材料、新技术的探索，漆艺材料与技术从古至今，也从未停止过发展。随着现代科技更为迅猛的进步，各种材料日新月异，技术迭代层出，给漆艺饰品的设计与制作提供了更为广泛的发展空间。如：漆艺材料精细化生产，使传统散装天然大漆，改良为管装漆，色彩丰富，功能齐全，节约了漆艺制作前期滤器、晒漆、调制色漆等耗时繁琐工序，使漆艺材料使用像油画、国画、水彩一般方便快捷；发展到现在，漆艺中的“漆”从单一的天然大漆拓展到各色大漆、各色腰果漆，以及肌理效果千变万化、色彩繁多、功能各异的化学漆，当下化学新涂料的研发不但关注绿色环保、耐磨耐晒等功能性，同样还关注视觉效果的无尽可能，这为漆艺的发展提供了物质性保障；漆艺工具不断演进，现代科技为漆艺提供技术发展的方向：电脑雕刻、3D 打印技术的发展拓展了漆艺的制胎技术；丝网印刷、喷绘在漆艺髹涂、装饰技术中的运用，让漆艺从手工单件制作到批量化生产成为可能。

传统入漆材料发展进程中，均追随时代新材料、新技术、新审美变化而逐步得到拓展，故关注现时代下的新材料，多进行新材料与漆结合的实验性尝试成为必要。如：邵帆将漆木与亚克力结合，黄宝贤将玻璃与漆结合等，通过材料语言的碰撞，演绎出新的视觉冲击。梁远、傅中望、唐明修等通过探索非传统的材料，完成漆艺语言的重新建构，将东方传统的文化元素与西方现代的审美情趣融为一体，很好地诠释了传统文化艺术的当代魅力（如图 5-25 ~ 图 5-30）。

Note：

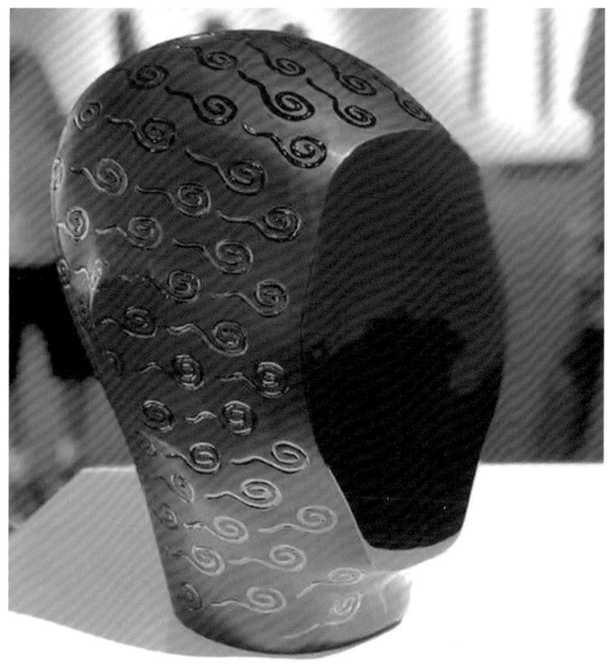

图 5-25《面镜》 傅中望作品

图 5-27《武士》 梁远作品

图 5-26《曲院风荷》 邵帆作品

图 5-28 现代玻璃漆器 黄宝贤作品

Note：

图 5-29《剔红鸿福官帽椅》 李志刚作品

图 5-30 铜胎漆饰芭蕉叶

（2）形色观的融合与创新

科技的不断进步，艺术观念的改弦易辙，艺术设计日趋于人性化、个性化的需要，人们越来越需要为自己量身定做的产品。所以许多在以往理应被遵循的条框，要因这种潮流而被破除，以适应新的需要。要进入现代生活，漆艺饰品必须合乎现代生活方式、生活美学，取得合乎现代审美的形与色，才能获得在社会发展的空间。

漆艺饰品的形包括外观造型、装饰形态、组织形式，现代漆艺饰品的形色可从传统与现代两个维度来实现。

① 向传统学习与借鉴。

对存在于传统艺术中的装饰形色分析与学习能总结出许多美的法则，而对许多“传统形色”的体会能建立起初步的漆艺饰品设计关于形色的概念，及学会许多形色的处理手法。在此过程中，学校一直以来沿袭的“模仿传统”的练习，是学习的便捷方法之一。漆艺饰品“形色”的设计能力可在“向传统模仿”的体会过程中直观而快速地确立起来。不过，这仅可作为向传统学习的第一阶段。假如，让学生做到了能与古人一般无二，那培养的方向应是“传承”这样的文化身份，这对于培养担任“发展”文化身份的设计家则只能是基础。从借鉴到创新之目的就在于培养担任“发展”文化身份的设计家，所以重点要落在“创新”。从借鉴到创新，让传统不单单存在于过去，更使其精神与灵魂在现时代中永生，成为前进的、发展的“传统”。只有转换了的传统才具有发展的前景与活力。 以日本著名设计家佐藤晃一为例，佐藤晃一的设计作品有着明显的民族风格。他提炼了日本文化中最精要的精神内涵，传达出肃静、悠远、清雅、柔和的民族风格，而在表现上则融合东西方，把装饰色彩、变形形体和折中了古典派与印象派的光表现在色渐变手法中融为一体。三者融合，自然和谐，开出了一块融合东西方的新天地。此外，漆艺饰品的形与色设计，还可向其他艺术门类学习借鉴，尤其是一些有民族文化烙印的艺术，如：彩陶、瓷器、蜡染布、织锦刺绣、木雕、剪纸等。

民族的文化艺术精神内质美，无时无处不让生长与生活在本土的中国人所体悟。传统的文化艺术精神，主要由传统的文化审美决定。中国传统的装饰上的审美习惯与中国传统哲学、传统文学一起，根深蒂固地深植于民族的心灵之中，中国艺术本质上的抽象性与精神性，使装饰造型在表现手法及艺术风格上都趋于含蓄。也正因为中国传统装饰上的审美以含蓄为主，装饰造型艺术中常用些象征，隐喻，谐音，完整形，数字表意，空间处理虚实相生、隔而不断的艺术表现手法。所以空灵、悠远、静谧、融合的艺术风格千百年来一直是中国装饰艺术的主流。像汉字的发展成形一样，中国的装饰艺术中也有许多由代代古人提炼、改进最后成形的相对固定的形状。其中一部分精简和发展为符号化的形状，另一部分遗存下来的则是由先人创造并在历史进程中推广流传，成为众所周知的形象。因为它们都承载着一定的意味，或象征着某种精神，而得以在岁月的洗刷中依然闪耀。

a. 符号化的形。符号化的形，是形的精简与提炼，受文化的影响最为深刻，非一人一时之作。符号化的形包括程式化的符号及文化符号两类。程式化的形成历经了千百年的陶冶。在传统的纹样中，对无形的、不具体的、不稳定物的表现，都趋于程式化。如云纹、水纹、火纹均被归纳用具体的相对固定的形象表现。这些程式化的符号不但在单个纹样中出现，而且在一些组织形式中也被程式化处理，如 “炯”纹， 即是“火”的程式化组织形式，象征着“光明” 。中国艺术本质上的抽象性与精神性，表现在传统装饰造型艺术中的典型性体现的是具民族文化或民俗文化寓意的“文化符号” 。在本土生活并长期受本民族文化熏陶的本民族人，对“文化符号”之寓意可以说是耳濡目染，感同身受，已然成为自身文化精神的一部分。如中国结、太极图等。

b. 中国特色的形与色 。不同的历史时期，对不同物象的崇拜，使中国的装饰造型中，有不少寓含审美精神的造型，如饕餮纹、龙凤纹、回纹、乳钉雷纹、四神、生命树、阴阳鱼等，这些具典型性的中国装饰造型形象是众多先人共同智慧的结晶，它们体现了本民族的审美精神追求。

中国传统美学中的数字崇拜、意高于形、和合思想等审美追求，使传统的装饰造型的组织形式也充满意味。历经千百年积淀的米字格、九宫格、喜相逢、平视体、立视体等组织形式中就贯穿了这样的美学思想，成为有中国特色的装饰组织形式，因而是可以遗存的传统语言之一。

由于中国传统意义上的审美追求含蓄，因而在空间处理上表现为虚实相生、隔而不断。中国传统绘画所强调的散点透视、虚实疏密、留白等形式和形态上的处理方法也影响到装饰艺术对空间的处理。意境的空灵，气韵的广博灵动均在此手法中得以体现。因审美上的需求，以及材料、工艺、观念的不断发展，在不同时期形成不同的艺术风格，这些艺术风格因其历时性，以及与本民族文化的共通性，成为具历史文化民族特色的艺术风格，因而也是可以遗存的传统语言之一。如对含蓄、空灵、完美风格的追求是千百年来中国文人的艺术理想，它直接而深远地影响了装饰艺术。

中国传统民族色彩观对色彩的认识与运用与西方科学的色彩观不同，中国的传统民族色彩观是建立在表意的“五色观”色彩理论体系之上的，在中国这样一个表意的色彩体系之下，色彩样式有其

Note：

固有的含义。这些含义被广泛地在中国地域范围内生活与成长的中国人所共识共知,并深入其意识层。比如红色的吉庆，白色的不祥，以及黑色的神秘、深奥，是本土的中国人素来就有的感受。因而在许多传统艺术品当中，色彩有其固定的搭配，也因之一眼就能让人看出是出自本土的国粹语言。

传统的造型元素中的形状、色彩、空间形式，以及其组织形式与艺术风格、表现技法与传统材料等，有许多让现代人不能割舍的魅力。既不可割舍，只有让传统渗透于现代的艺术中，这种渗透即是对传统的造型元素、传统的组织形式、传统材料与表现技法等保留其一二，以便于完成与现代的造型元素、组织形式与艺术风格、现代材料与表现技法或现代观念的互相渗透（如图 5-31~ 图 5-41）。

图 5-31《织锦漆茶盘》傅家轩作品（邓莉文指导）

Note：

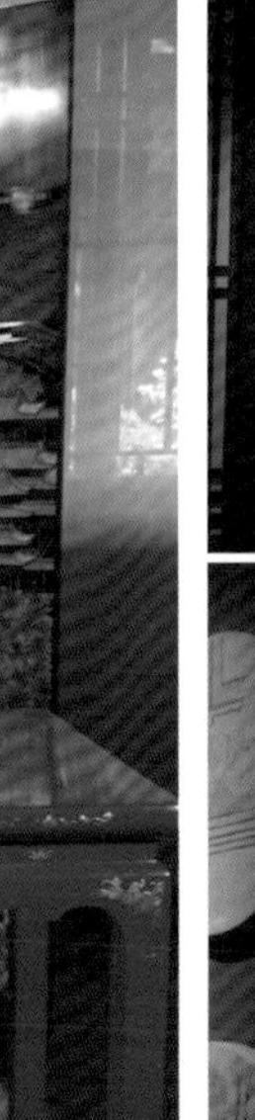

图 5-32《琴桌 · 君子之约》 林怡作品

图 5-34《元曲人物系列》林怡作品

图 5-33《喜相逢》 林怡作品

Note：

图 5-35 锡胎大漆花器 & 茶罐

图 5-36 糖果色嵌银大漆茶盏

图 5-37 漆艺《花开》李金仙作品

图 5-38 漆艺《花韵》李金仙作品

图 5-39 漆艺《大彩 · 白蹄乌》欧偲作品

图 5-41 漆艺《大彩 · 九华驹》欧偲作品

图 5-40 漆艺《大彩 · 仁马》欧偲作品

Note：

② 时代化的形与色。

时代化漆艺饰品的形色设计，包括合乎时代审美观念、母题的现代性、观察方法的现代性。西方的艺术观念与中国传统的艺术观念是截然不同的，在图案造型时西方美学与艺术概念的介入（如透视、构成、条件色概念）有益于与传统融合。而母题的选择也应是开放性的，不应单单关注于自然世界中的物，人造世界的物愈来愈多，其自身同样具有美感。因而所有的物象都可纳入母题的选择中去。面对新的母题，观察方法的现代性跟进，无比重要。"常态"的观察方法是指习惯性、定向的观察方法，现代的观察方法指"非常态"的观察方法，是一种发射性、多维性、非习惯性、非定向的观察方法。这些观察方法可依赖于现代科技设备来实现，也可通过非常态的观察角度、位置、距离等获取，最后通过点睛、提炼、抽象简化、符号拼贴、移植嫁接、解构重构等手法获得。如方兆华的《山水》用抽象几何语言简化山水，传达中国当代文人寄情山水的情怀。

现代这个词语下所包含的内容是不断更新、扩充、发展的。曾经是"现代"的物或观念，会随时间而转化成传统。而传统也会在时光岁月的隧道中，时时闪现，或许更换了面容，或许更换了心境，成为"现代"。文化的兼容性使传统与现代兼容并包、兼收并蓄，推动艺术向更高更新的"现代"发展。创造装饰造型形象时，假如是定位在民族化这个概念上，一定要把握从传统到现代的融合与创新的尺度，才可创造出有生命力的作品，才可真正让民族艺术发扬光大（如图 5-42 ~ 图 5-52）。

图 5-42 大漆为媒——张温帙艺术研究展现场

Note :

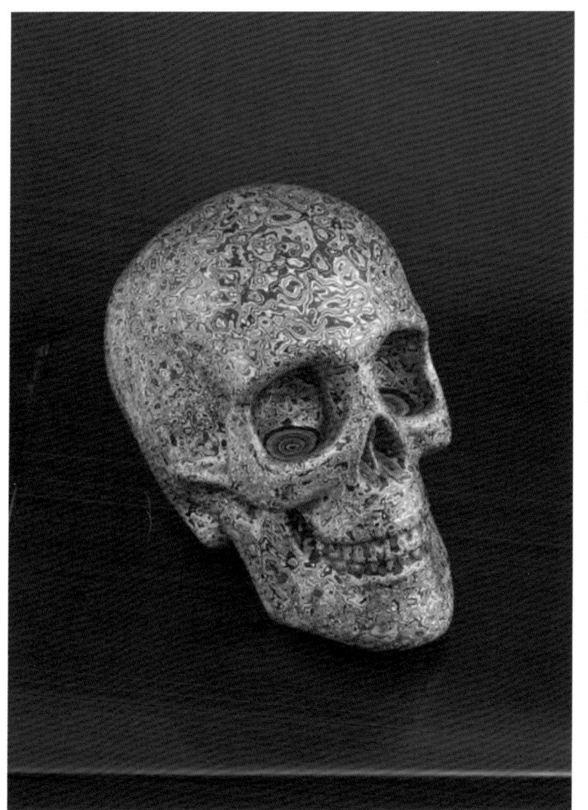

图 5-43 漆艺《骷髅系列》张温帙作品

图 5-44 漆立体画皮 施鹏程作品

图 5-45 漆艺家具

图 5-46 漆艺灯具《大珠小珠落玉盘》 曾媚作品

图 5-47 漆艺《母与子之七》田世信作品

图 5-49 漆艺《山水》方兆华作品

图 5-50《光律系列》 脱胎漆器 郑解朝（韩国）

图 5-48 漆艺《 红孩》 梁远作品

Note：

图 5-51 漆艺《一叶晓春》邓莉文作品

图 5-52 漆艺《一叶知秋》邓莉文作品

Note：

（3）适用于现代生活方式的功能

传统漆艺饰品涉及了生活的各个方面。但随着社会的进步，工业化与科技时代的发展，漆器逐渐从人们的视线中消失。现代家居饰品中，以充满现代感的陶瓷、玻璃、金属、亚克力等材料制作的饰品为主，无论是在中国，还是在漆艺发达的日本，漆艺饰品在现代家居生活中都少有。现有的漆艺饰品主要在中式酒店、会所、茶楼、餐厅、服饰卖场、家居卖场以装饰摆件形式呈现。但现代家居生活中涌现了很多传统生活方式中没有的物件，如插座、开关、遥控器、电视、钢笔、咖啡机等等，早在“日用即道——2010 国际漆艺展”上，漆艺家们设计制作了许多与时下日用相关的漆艺作品，说明漆艺的功能是现代漆艺饰品设计的关注点。除现代家居用品领域外，首饰、服饰、现代包装、公共艺术、电子产品、交通工具内饰外饰、旅游纪念品、儿童玩具、文房用品等领域也是漆艺的创作天地。很多国际奢侈品牌都关注到了传统漆工艺的内在奢华，并与各国漆艺大师们联动，设计制作了相关产品，如爱马仕 Arceau 系列漆绘腕表展示了法式漆绘工艺的精湛， Chopard（肖邦）系列漆艺腕表、梵克雅宝漆绘蝴蝶饰品显露了日本漆艺的细腻华贵，福建“沈氏大漆”为红旗 L5 轿车打造了内敛奢华的漆艺内饰面板，此外还有登喜路 Namiki 莳绘钢笔、荷兰 Vanhulsteijn 高端大漆自行车等等。

总之，日用需要是漆艺饰品设计与生产的原动力，生活的土壤才能让漆艺变得生机勃发，漆艺饰品设计应追随生活需要，并开启一道生活艺术化的方向（如图 5-53~ 图 5-64）。

图 5-53 漆绘工艺系列腕表

Note：

图 5-54 漆艺腕表

图 5-55 漆绘蝴蝶饰品

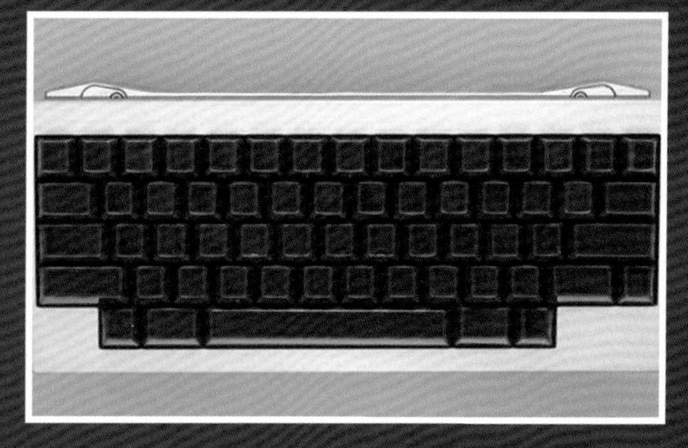

图 5-56 漆艺键盘

图 5-57 漆艺手机（日本）

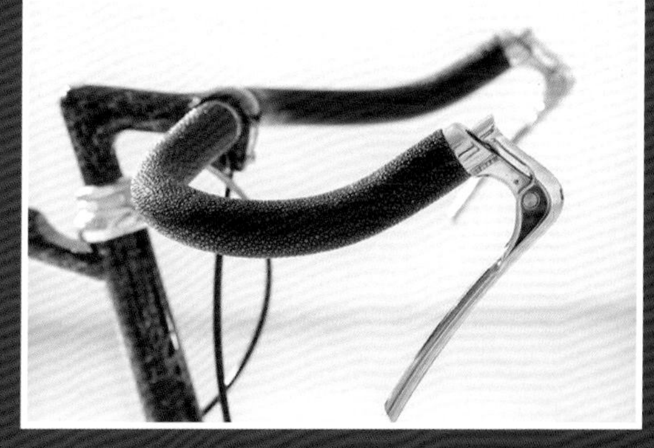

图 5-58 荷兰大漆自行车

图 5-59 漆器柜

图 5-60 漆艺台灯

图 5-61 漆艺《福禄大漆灯》 冯励之作品

Note：

图 5-62 漆艺茶具（日本）

图 5-63 红旗乘用车内饰面板

Note：

图 5-64 漆艺饰品

5.3 漆艺饰品设计生态化

杜威思想体系中，环境是个重要理念，杜威认为真正的审美是动与静、矛盾与和谐统一的整体性经验，《经验与自然》一书中提到，经验是活的生物与环境相互作用、相互影响的产物。没有环境就没有经验的存在，过度的外在审美使人与自然、人与社会之间出现问题，如环境污染、自然资源枯竭、精神文明沦陷。中国随着经济的发展，生活水平的提高，人们开始以理性的思想、开阔的眼界认知世界，用审美的眼光审视生活及生活产品，产品的艺术风格、形式语言、技术语言、主题思想、道德判断均是人们在审美过程中的向度和纬度。

漆艺的“兼容性”“内在性”特征，使生态化理念的植入成为可能，如：一件家具的审美淘汰期一般为 5~10 年，数量巨大的废旧家具，如何回收再利用是个难题，但通过对废旧家具的解构重构，用其材料与造型，通过漆艺能兼容多种材料并存、修缮残缺破损、覆盖瑕疵纰漏等特性，解决废旧物再利用的问题，为漆艺饰品设计开辟新的发展领域。这类漆艺产品从艺术风格、形式语言上来说，可是怀旧的、前卫的、当代的，主题思想上来说是生态的、具有文化意味的，道德层面上来说是积极向上、正面的（如图 5-65~ 图 5-70）。

传统与现代的漆艺材料、技术、造型、色彩、功能、形式、适合空间风格等角度比对，如下表 5-1 所示：

表 5-1 传统漆艺与现代漆艺比较

对比视角	传统漆艺饰品	现代漆艺饰品
审美	工艺性、标准化	个性化、多维度
材料	从属的、装饰性的	主位的、多样化的、综合性的
技术	程式化	自由的、个性的
色彩	装饰性色彩； 红黑为主、色调偏暗	多维度：抽象性色彩、主观性色彩、构成性色彩、表现性色彩、模仿性色彩等的集合
形态	模仿的、写实的	多维度：抽象形、主观形、构成形、写实形、装饰形等
功能	传统生活用品	现代生活用品 、旅游产品、文创产品
适合 风格	中式传统	多维度：怀旧风格、新古典、新中式、混搭风格、轻奢风、现代简约风等

图 5-65《王》邵帆作品

图 5-66《长寿椅》傅中望作品

图 5-67《废旧椅子再设计系列一》漆艺饰品案例

图 5-68《金缮茶盏》 钟声作品

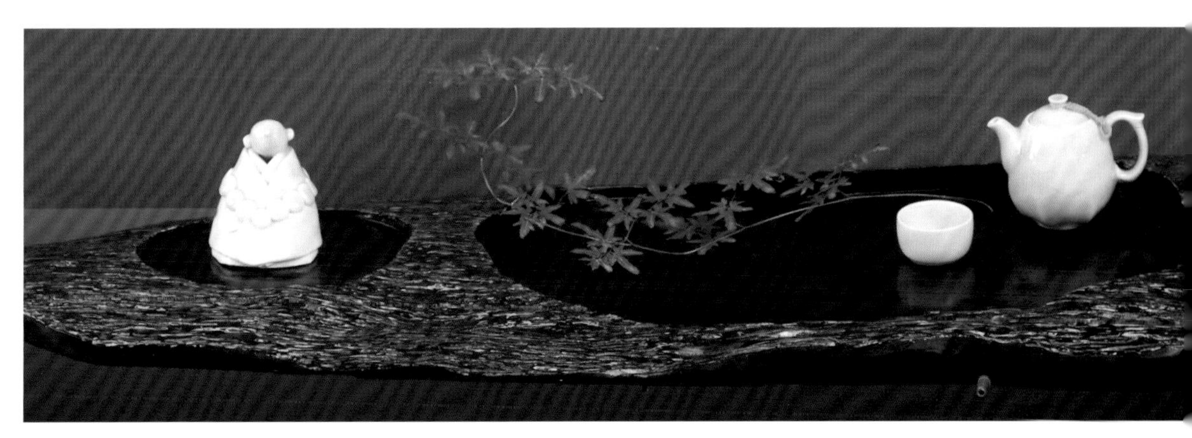

图 5-69 木材边料漆艺茶盘

图 7-70 漆艺茶具 冯励之作品

镜子背面　滕月作品（邓莉文指导）

PART 6

漆艺饰品
制作与生产实例

漆艺饰品的制作一般分手工制作、批量生产结合手工制作两种生产方式。漆艺饰品通过其手工化、个性化特征展现出独特魅力，所以漆艺饰品并不适合选用纯粹的机械化流水线大生产方式。漆艺饰品品类以及制作技法繁多，以下案例将选取漆艺典型工艺，来诠释不同品类不同工艺的漆艺饰品制作与生产步骤。

6.1 漆艺变涂表现技法案例分解

案例一：变涂叶盘制作

作者：陈琪

指导老师：邓莉文

制作过程：

（1）选胎、制胎

为突出漆艺效果，漆饰对象应合乎以下要求：造型简洁、木质细腻紧密。可选用大工业批量化生产器型，也可进行个性化造型设计。本产品为工业化批量生产的叶盘，胎底材料为榉木。

（2）胎底打磨

木胎背面大块平整处选用手执电动打磨机打磨，正面可用砂纸包裹橡皮或木块打磨，并根据器型形态，切割橡皮或木块以适合各部分造型进行细致打磨。

（3）裱布

准备漆糊（糨糊：生漆 =1:1），将棉布或细亚麻布按各器型裁剪好，木胎表面均匀挂上漆糊，顺应造型走势裱布，用刮刀将多余漆糊刮掉，置入荫房。干后修剪去多余布，细致黏结结合部分。

（4）刮灰

准备漆灰（生漆：灰 =1:1），用刮刀调制均匀，刮三遍（粗、中、细灰），每次均需入荫房候干，干后再刮。

（5）漆灰打磨

每一遍刮灰干后都需用砂纸打磨，最后一遍可用细砂纸加水打磨，以保证刷黑色底漆前，胎体表面平滑光洁。

（6）刷底漆

调制稀稠适中的黑漆，整体上黑色底漆五遍，不易太厚，每次均需入荫房候干，干后再喷漆或刷漆。

（7）蛋壳镶嵌

准备镶嵌材料：蛋壳。用毛笔蘸生漆，依据设计图形将要镶嵌的区域平涂均匀；将挑选好的蛋壳放在涂有生漆的区域内，用镊子捣碎，将蛋壳按设计纹样或自然裂纹秩序贴实，入荫房干燥。

（8）肌理制作

准备肌理材料：别针、锡箔纸、蛋壳，调制稍浓稠黑漆（可加鸡蛋清少许），刷第六遍，漆未干时，根据设计需求将别针、锡箔纸贴实，待黑漆干后揭下肌理介质；刷银色漆；利用别针、锡箔纸二次做肌理，达到所需高度。

（9）罩涂各层色漆

叶盘反面调不同明度的蓝、红色，按蓝、红、金、蓝、红次序进行颜色叠加，直至漆与肌理、蛋壳面持平，每一遍均需放入荫房，干后再上其他色层，直至漆与肌理持平。叶盘正面上两次亮度不同的红色，第三遍上黑漆。

（10）研磨

砂纸从 300 目打到 5000 目，时时观察漆面，当肌理、色彩、纹样达到理想效果，且漆面平滑、呈暗灰色哑光效果，即可。

（11）推光与揩清

准备材料：植物油（大豆油、花生油、香麻油均可）、面粉或细瓦灰、揩清漆（也叫提庄漆）、真丝布块。

叶盘正面用真丝布块或手蘸植物油伴面粉反复摩擦漆面，漆内蕴光泽会逐步显现。叶盘反面平整且面积较大，可使用手执小型电动抛光机，布轮上蘸植物油伴面粉或抛光剂后摩擦漆面，注意观察不要磨穿漆面，研磨几分钟后改为手动抛光。一般推光需三次以上，以漆面散发出内蕴均匀精光为标准。

用真丝布块蘸揩清漆，在漆面上以画圈的手法螺旋行进，在漆面各处均匀薄涂一遍，注意要薄、均匀，不能有遗漏处。再用棉纸将多余漆拭去，漆面留下极薄气雾般漆膜，入荫房候干。干后再次推光。推光和揩清反复交替 2、3 次后，漆面如镜面，纤毫毕现，光彩夺目（如图 6-1 ~ 图 6-8）。

图 6-1 上黑色底漆

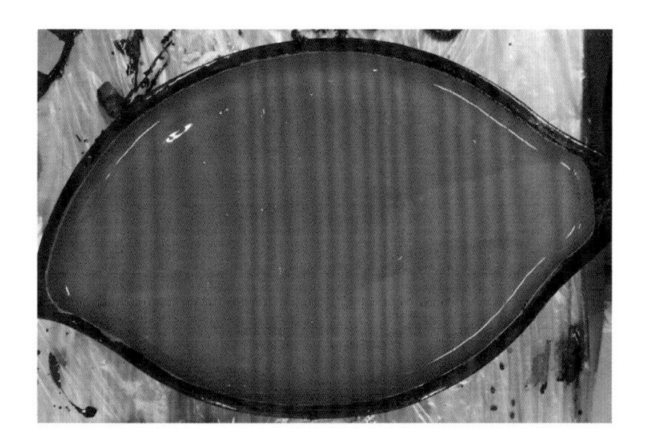

图 6-2 上红色底漆

图 6-3 回形针肌理

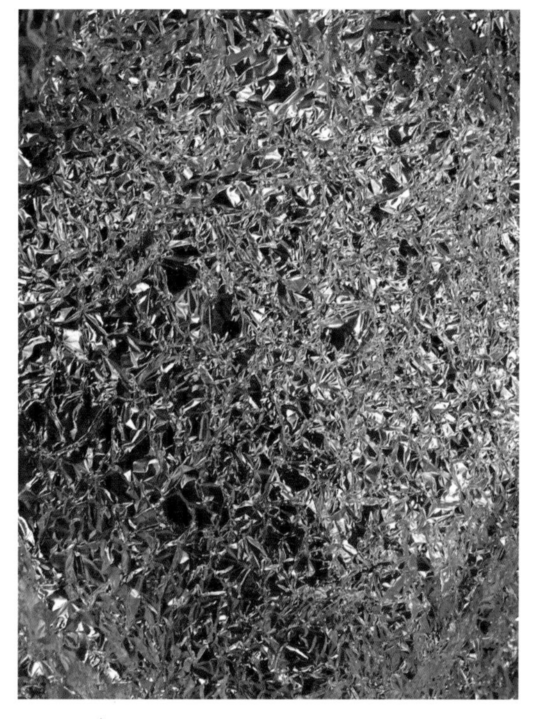

图 6-4 锡箔纸肌理

图 6-5 贴蛋壳

Note：

图 6-6 刷红色面漆

图 6-7 叶盘正面效果

图 6-8 叶盘背面效果

案例二：变涂鱼盘制作

作者：陈琪

指导老师：邓莉文

制作过程：

（1）选胎、制胎

选定漆饰对象，榉木鱼盘。

（2）胎底打磨

（3）裱布

（4）刮灰

（5）漆灰打磨

（6）刷底漆

（7）肌理制作

准备肌理材料：水果包装网袋、锡箔纸，调制稍浓稠黑漆（可加鸡蛋清少许），刷第六遍，漆未干时，根据设计需求将水果包装网袋、锡箔纸贴实，待黑漆干后揭下。

（8）罩涂各层色漆

调制不同明度的蓝色和红色，进行颜色叠加，直至漆与肌理持平，每一遍均需放入荫房，干后再上其他色层。

（9）研磨

（10）推光与揩清

如图 6-9 ~ 图 6-12 所示。

注：除选胎制胎、肌理制作、罩涂各层色漆外，其他工艺详情同案例一。

Note：

图 6-9 上黑色底漆

图 6-10 肌理制作

图 6-11 罩面漆

图 6-12 变涂鱼盘效果

案例三：变涂书签制作

作者：李珊珊

指导老师：邓莉文

制作过程：

（1）选胎、制胎

选定榉木书签为漆饰对象，一组五个（所有批量化生产产品可以此为例）。按尺寸 12cm*3cm*0.2cm 裁取书签，钻孔。

（2）胎底打磨

（3）裱布

（4）刮灰

（5）漆灰打磨

（6）刷底漆

（7）肌理制作

准备肌理材料：泡泡塑料，调制稍浓稠黑漆（可加鸡蛋清少许），刷第六遍，漆未干时，根据设计需求将泡泡塑料贴实，待黑漆干后揭下。

（8）罩涂各层色漆

本套书签纹样部分以红色为主体色，以蓝色、绿色、黄色、白色为搭配色。肌理之上每个书签刷 5 遍色，其中二层为不同的红色，两层其他色彩（如：深蓝配浅蓝，黄绿配绿），一层白色。每一遍均需放入荫房，干后再上其他色层。

（9）研磨

（10）推光与揩清

如图 6-13 ~ 图 6-20 所示。

注：除选胎制胎、肌理制作、罩涂各层色漆外，其他工艺详情同案例一。

Note：

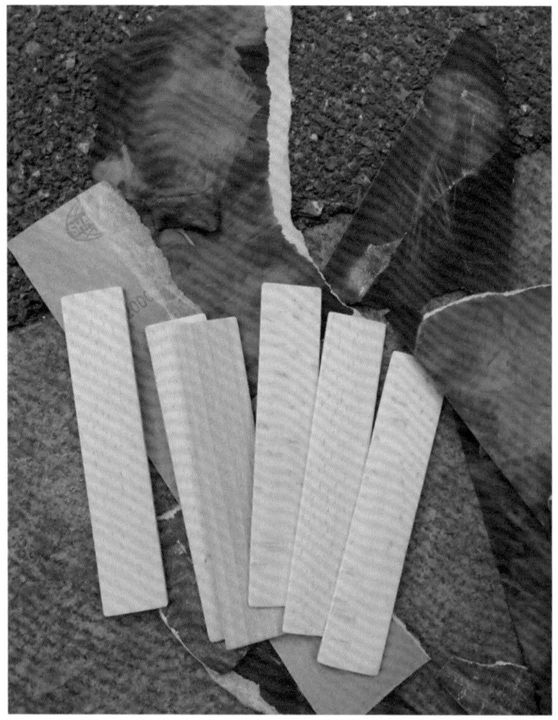

图 6-13 书签胎底制作

图 6-14 书签钻孔

图 6-15 刷黑色底漆

图 6-16 泡泡纸肌理

图 6-17 上第一次色漆

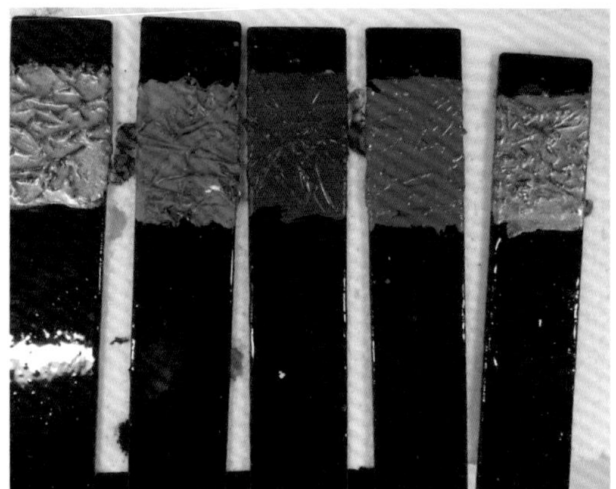

图 6-18 上第二次色漆

图 6-19 上第三次色漆

图 6-20 变涂书签效果

案例四：变涂茶筒六君子制作

作者：傅家轩

指导老师：邓莉文

制作过程：

（1）选胎、制胎

选定漆饰对象——木质茶具六件：茶筒、茶则、茶挟、茶针、茶拨、干茶漏。本产品胎底材料选用巴西花梨边角废料制成。

（2）胎底打磨

由于茶器器型较小巧，可用砂纸包裹橡皮打磨木胎，并根据器型形态，切割橡皮以适合茶器各部分造型进行细致打磨。

（3）裱布

（4）刮灰

（5）漆灰打磨

（6）刷底漆

（7）肌理制作

调制稍浓稠黑漆（可加鸡蛋清少许），刷第六遍，漆未干时在需做肌理的部分贴上保鲜膜，并根据设计需要捏出不同漆皱起伏效果，漆皱定型后揭下保鲜膜。

（8）罩涂各层色漆

调制绿、深红、金黄色、暗蓝色、桃红色，除了金黄色外其他色均加入适量丸金粉，以增添各色光泽。有肌理部分按绿色——深红色——金黄色——暗蓝色——桃红色秩序一层一层通体罩漆，注意必须等上一遍漆干透后才能上下一遍漆。其他部分刷黑漆以保持整体在同一高度。

（9）研磨

茶具六君子由于打磨面积小，适于手上把玩，要求精细，可用砂纸从 300 目打到 7000 目，打磨至极为平滑。

（10）推光和揩清

如图 6-21 ~ 图 6-23 所示。

注：

图 6-21 变涂茶筒六君子组件

图 6-22 变涂茶筒六君子局部

图 6-23 变涂茶筒六君子

案例五：变涂陶胎漆艺茶器制作

作者：孔茜茜

指导老师：邓莉文

制作过程：

（1）选胎、制胎

选定漆饰对象——陶瓷茶器。为达到漆艺效果，陶瓷花瓶应合乎以下要求：造型简洁、表面肌理粗糙。

（2）胎底打磨

用 200~400 目砂纸将陶瓷表面打磨粗糙，便于漆的附着。

（3）刷底漆

调制稀稠适中的黑色漆将外壁整体刷三遍，不易太厚，每次均需入荫房候干，干后再喷漆或刷漆。

（4）固漆

将刷好漆的陶瓷茶器放入陶瓷烘干箱，调制 280~300 度，烧制两小时，冷却后取出。

（5）肌理制作

准备肌理材料：泡泡纸，调制稍浓稠蓝绿色漆，外壁通体刷漆，漆未干时，根据设计需求将泡泡纸贴实，待漆干后揭下。

（6）罩涂各层色漆

在肌理表面通刷白色；干后叠加稍浓稠红色，在红色未干时做二次泡泡纸肌理；逐层刷蓝色、金色、墨绿色。注意要上层色彩干后才可刷下层色彩。

（7）研磨

（8）推光与揩清

如图 6-24 ~ 图 6-28 所示。

注：未详述工艺，详情同案例一。

图 6-24 陶胎漆艺茶器

Note：

图 6-25 陶胎漆艺茶器肌理髹涂

图 6-27 陶胎漆艺茶器顶视效果

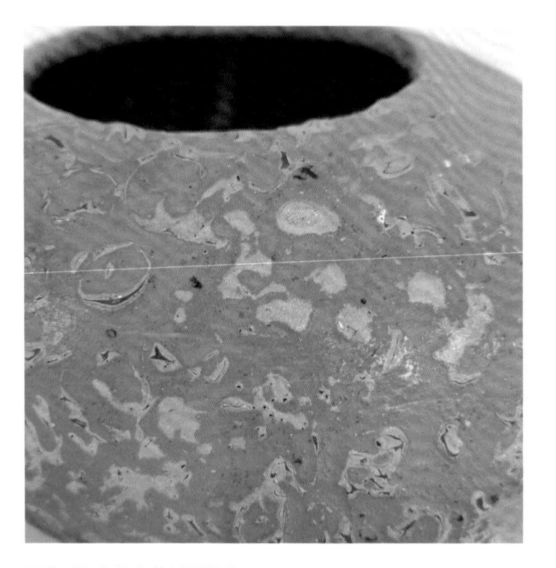

图 6-26 陶胎漆艺茶器粗磨

图 6-28 陶胎漆艺茶器侧面效果

Note：

6.2 漆艺雕刻表现技法案例分解

案例六：猫纹叶盘制作

作者：张玉莹

指导老师：邓莉文

制作过程：

（1）选胎、制胎

（2）胎底打磨

（3）裱布

（4）刮灰

（5）漆灰打磨

（6）刷底漆

（7）打磨底漆

用500~1000目砂纸蘸水将底漆打磨平滑。

（8）撒铝粉

调制稀稠适中的黑漆，喷第六遍黑漆。

半干的状态下，均匀撒下800目铝粉。

入荫房，干燥后扫去多余铝粉。

有遗漏处，可局部修补，直至各处均匀平整。

（9）拷贝纹样

打印设计纹样；

用色粉在纸背面均匀涂刷，自制成拷贝纸；

将图纸贴在需装饰部位；

用尖笔描绘图像，直至图像完整拷贝于盘子上；

确认拷贝无误后，揭去图纸。

（10）刻铝粉

依据拷贝图像，用雕刻刀刻去铝粉部分，显出黑色底漆。

选择合适的线条语言，合理布局线条的疏密关系，画面黑白面积、位置、比例、节奏关系；尤其注意刻去部分深度要均匀一致，不要刻至木胎。

调整形态和细节。

（11）上漆保护与调整

调稀薄透明漆，均匀喷于叶盘正面有图案部分；

正面边缘将铝粉打磨掉后，刷黑漆两遍。

（12）研磨

用500~5000目砂纸，研磨盘子背面及正面边缘直至漆面平滑、呈均匀暗灰色哑光效果，即可。

（13）推光与揩清

如图6-29～图6-36所示。

注：本产品选胎制胎、胎底打磨、裱布、刮灰、漆灰打磨、刷底漆、推光与楷清详细工序同案例一。

图6-29 刷黑漆

Note：

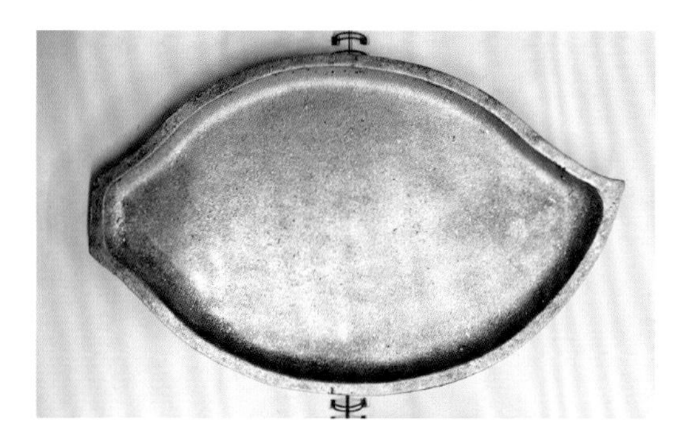

图 6-30 铺银粉

图 6-31 制拷贝纸

图 6-32 拷贝图形

图 6-33 拷贝图形效果

图 6-34 刻漆

图 6-35 抛光

Note：

图 6-36 刻漆猫纹叶盘

Note：

案例七：刻漆莳绘花纹鱼盘制作

作者：李弘扬

指导老师：邓莉文

制作过程：

（1）选胎、制胎

（2）胎底打磨

（3）裱布

（4）刮灰

（5）漆灰打磨

（6）刷底漆

（7）打磨底漆

（8）撒铝粉

调制稀稠适中的黑漆，喷第六遍黑漆。

半干的状态下（用手指点漆，漆不黏手上，手指离开漆面时有清脆响声），按银一紫色彩渐变规律，均匀撒下 800 目银色铝粉及紫色铝粉。

入荫房，干燥后扫去多余铝粉。

有遗漏处，可局部修补，直至各处均匀平整。

（9）拷贝纹样（同案例六）

（10）刻铝粉（同案例六）

（11）上漆保护与调整

调稀薄透明漆，均匀喷于叶盘有图案部分，干后反复 3~5 次，直至完全覆盖住铝粉。

（12）研磨

（13）推光与揩清

如图 6-37 ~ 图 6-41 所示。

注：本产品选胎制胎、胎底打磨、裱布、刮灰、漆灰打磨、刷底漆、研磨推光与揩清详细工序同案例一。

图 6-37 铺闪光粉

图 6-39 莳绘花纹鱼

图 6-38 莳绘花纹鱼盘抛光

图 6-40 莳绘花纹鱼盘正面效果

Note：

图 6-41 莳绘花纹鱼盘局部

Note：

案例八：剔红漆盘制作

作者：杜甫能

指导老师：邓莉文

制作过程：

（1）选胎、制胎

（2）胎底打磨

（3）刮灰

准备漆灰（生漆：瓦灰 =1:1），用刮刀调制均匀后，涂刮于木胎上，入荫房候干。

刷生漆两遍，入荫房干燥。

（4）刷朱漆

剔红髹层的厚薄，需依据浮雕纹样需求而定，本产品髹涂近 80 层。

（5）拷贝纹样

朱漆到所需高度，未干透前，可开始拷贝纹样。

（6）雕刻纹样

纹样拷贝后开始雕刻。

雕刻分几步进行：

用斜口刀将纹样轮廓切出；

用平口刀铲去不要部分；

根据纹样选取合适刻刀，做细部雕琢。

（7）研磨

漆干透后，打磨。

（8）推光

丝绵蘸植物油，细致推光。如图 6-42 ~ 图 6-48 所示。

注：本产品选胎制胎、胎底打磨、详细工序同案例一。

图 6-42 多层刷红色底漆

图 6-43 抛光背面

图 6-44 抛光正面

Note：

图 6-45 描线

图 6-46 刻线

图 6-47 剔红漆盘侧面效果

图 6-48 剔红漆盘正面效果

Note：

6.3 漆艺莳绘表现技法

案例九：莳绘漆盘制作

作者：彭子薰

指导老师：邓莉文

（1）选胎、制胎

（2）胎底打磨

（3）裱布

（4）刮灰

（5）漆灰打磨

（6）刷底漆

调制稀稠适中的黑漆，整体上黑色底漆三遍，不易太厚，每次均需入荫房候干，干后再喷漆或刷漆，静置于荫房候干。

（7）打磨底漆

漆干后，用 800~1000 目水砂纸打磨；

再刷一遍黑漆；干后用 2000 目砂纸再次打磨；

反复 2~3 次，直至漆面光滑平整。

（8）推光

用丝绵或手蘸植物油伴面粉反复摩擦漆面，至漆内蕴光泽显现；隔两天重复推光过程。

（9）拷贝纹样（同案例六）

（10）描绘纹样

准备金地漆适量、小狼毫一支，用小狼毫蘸金地漆依据拷贝纹样描绘。

（11）贴箔

描绘纹样的漆将干未干时（用手指点漆，漆不黏手上，手指离开漆面时有清脆响声），贴金箔。等漆干透后，用平口羊毫刷将多余金箔刷去。

（12）调整纹样

用小狼毫蘸黑漆修整纹样。

（13）洒金粉

盘正面刷透明漆，漆将干未干时，洒金粉；

待漆干透后,用平口羊毫刷将多余金粉刷去。

（14）上透明漆

调稀薄透明漆，均匀喷于盘正面表面，干后反复 3~5 次，直到表面平整。

（15）研磨

（16）推光与揩清

如图 6-49~ 图 6-52 所示。

注：未诠释工艺详情同案例一。

图 6-50 贴金箔

图 6-51 洒金粉

图 6-49 刷黑色底漆

图 6-52 莳绘漆盘效果

6.4 漆艺镶嵌表现技法

案例十：火烈鸟小方凳制作

作者：黎璐

指导老师：邓莉文

制作过程：

（1）选胎

（2）胎底打磨

（3）裱布

（4）刮灰

（5）漆灰打磨

（6）刷底漆

（7）拷贝纹样（同案例六）

（8）刻轮廓线

用斜口刻刀沿图案刻出轮廓线。

（9）制作漆粉

准备较厚透明塑料布，调制浓度适中、明度不同红色漆三种；

将红漆均匀刷于塑料布上，入荫房晾干；

干透后揉成碎片，倒入打磨机打磨成漆粉；

用筛网沥出不同目数漆粉待用。

（10）撒漆粉

根据火烈鸟需要上红色漆粉处上红色漆；

刷完一小块漆立马撒漆粉，利用漆的黏合作用，固定漆粉；

每一块都需根据图案色彩及空间需要，决定撒哪种明度的红色色粉。

（11）贴蛋壳

椅面上图案以外的地方都需贴上蛋壳，本产品选用白色鸭蛋壳。

先从大块面积依次贴起，以黑漆作为黏合剂，一边上黑漆，一边贴蛋壳，大面积的就将大片蛋壳放在椅面上，用镊子按压平整，小面积需用镊子一小片一小片贴上，并用镊子尾端敲击蛋壳至平整，以防后期打磨脱落。

（12）描绘

调制不同红色，用小狼毫笔蘸色在撒有漆粉的图案上，绘出空间秩序、色彩搭配需要的颜色。

（13）罩色

图案颜色和贴蛋壳都完成后，整个椅面通罩两层黑漆，入荫房待干透。

（14）研磨

（15）推光与揩清

如图 6-53、图 6-54 所示。

注：未诠释工艺详情同案例一。

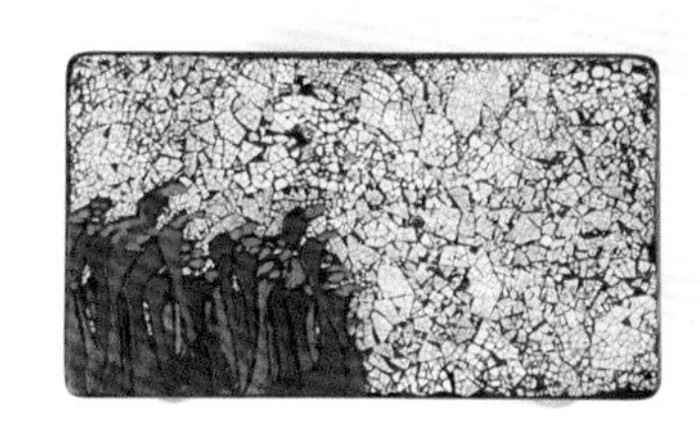

图 6-53 蛋壳镶嵌凳正面效果

图 6-54 蛋壳镶嵌凳背面效果

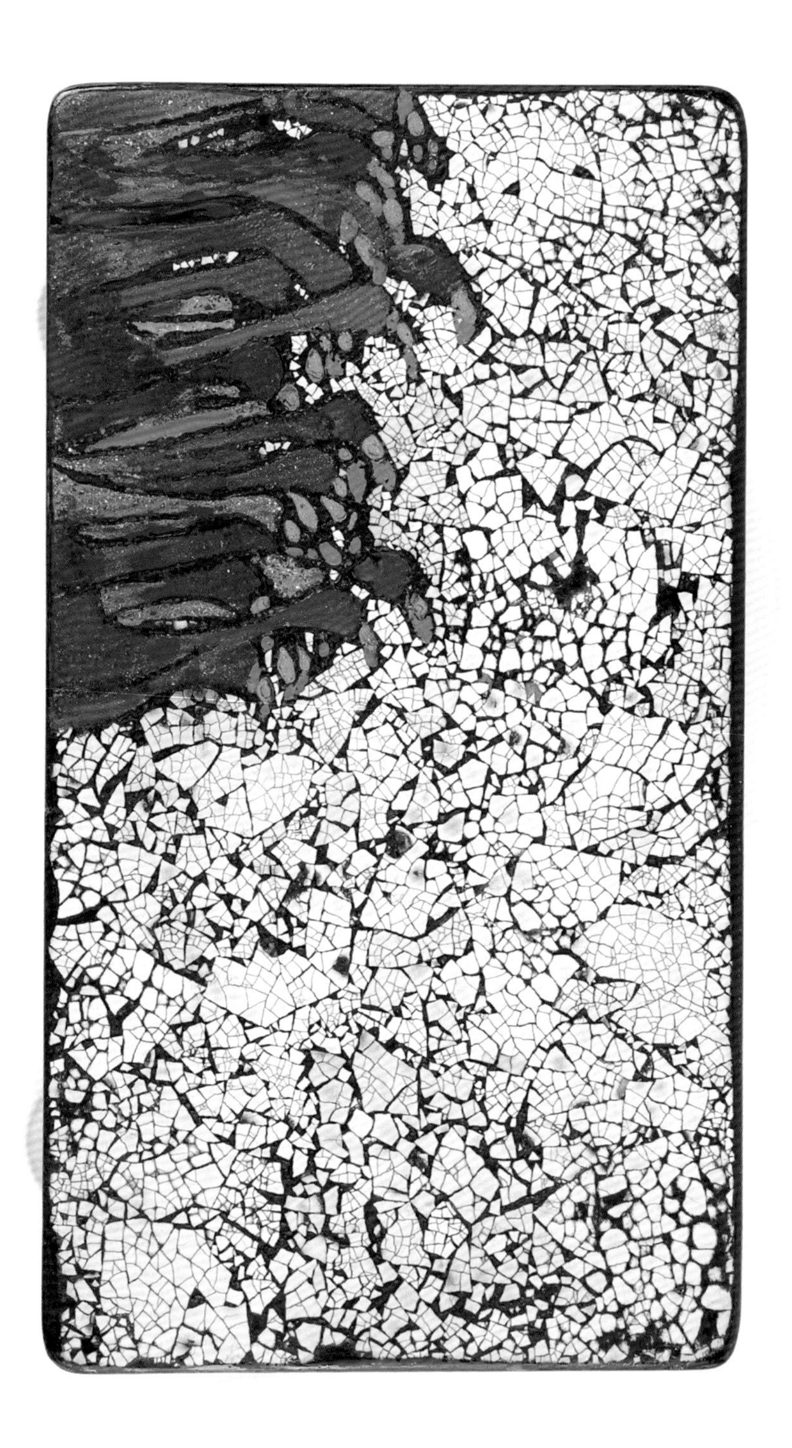

蛋壳镶嵌凳正面效果

PART 7

漆艺饰品在室内陈设中的设计案例

经济的发展，使现代人的生活丰富多彩，人们除在家居空间中活动外，很多时间会在家之外的餐饮空间、卖场空间、酒店空间、娱乐休闲空间、户外活动空间等处度过。进行空间中的各立面、建筑构件、空间隔断、室内用品、户外装置、户外公共家具等设计时，均可用到漆艺装饰，用以提升空间文化氛围。任何空间中需陈设漆艺饰品，都应依据空间的不同特征，在造型、工艺、色彩、纹样上选取与之适配的漆艺饰品。

7.1 家居空间漆艺饰品陈设

漆艺饰品能适用于各种家居空间中，如现代中式风格、现代轻奢风格、现代简约风格、法式浪漫风格、韩式小资风格、日式简朴风格、后现代混搭风格等等。

现代中式风格是以中国传统文化为基础，为合乎现代审美要求，其室内装饰及陈设造型简洁，色彩多沿用传统，表现出自然、古朴、雅致面貌。漆艺饰品是中国传统文化的一部分，与现代中式风格一脉相承，但漆艺饰品要与现代中式风格保持和谐，其造型也必须简洁，色彩不宜绚烂多姿。图案过于复杂的雕填漆器、百宝嵌类漆器和图案过于写实的莳绘漆器、描绘漆器均不宜选用。

现代轻奢风格代表了一种精致的生活方式，这种简洁主义的风格渗透了简单 + 奢华、现代 + 古典。轻奢风格的空间以金属、皮革的中性色调为主，将石材、不锈钢、镜面、硬包、马赛克等材质灵活贯穿其中，突出材质色彩的细腻与质感。其色调谐和统一，造型简洁，线条流畅简约，细节精致。漆艺饰品是一种自带古典气息、历史韵味的饰品，在现代轻奢风格中的运用，能集中体现古典奢华的内涵。现代轻奢风格中应陈设造型简洁、线条简单、色彩谐和的漆器饰品。

现代简约风格主要特点是简洁、明快、实用、美观，兼具个性化的展现。外形简洁抽象，注重形式美；色彩运用单一，或对比强烈（如大量白与黑），多采用最新工艺与高科技材料与饰品，大量使用钢化玻璃、不锈钢等新型材料作为辅材。选用单一色系的漆艺饰品可营造空间极简品位，即使选用单色系漆艺饰品， 但其内蕴光泽能增加空间柔性，加上抽象造型、写意的花纹和几何纹样，漆艺饰品足以柔化现代简约风格生硬的表情，也能与其他饰品一同展现现代的、个性化的室内氛围。

日式室内设计中色彩多偏重于原木色，以及竹、藤、麻和其他天然材料颜色，形成朴素的自然风格，造型简单质朴，或无装饰或以碎花装饰。漆艺饰品的选用同样应是简朴的、素髹的、碎花的。

总之，任何室内风格中陈设漆艺饰品，都应依据空间的不同特征，在造型、工艺、色彩、纹样上选取与之适配的漆艺饰品。 家居空间中的各立面、隔断、家具、灯具、文房用品、餐厨用品、家用电器、摆件都可使用漆艺饰品。大件漆艺饰品主要用于提升空间文化氛围，小件漆艺饰品贵在可把玩、鉴赏、娱情志（如图 7-1~ 图 7-12）。

图 7-1 新中式家居空间

图 7-2 别墅漆画

图 7-3 厦门华益地产样板房漆画

图 7-4 长沙梅溪湖金茂府家居漆艺陈设

图 7-5 北京出租屋

Note：

图 7-6 陈设设计工作室样板间

图 7-7 陈设设计工作室样板间

图 7-8 欧美软包陈设设计工作室

图 7-9 厦门高端私人会所漆画

Note：

图 7-10 六尚门家居陈设设计工作室

图 7-11 择木创建室内设计有限公司

图 7-12 六尚门家居陈设工作室

Note：

7.2 餐饮空间漆艺饰品陈设

餐饮空间与家居空间的风格划分相类似，只是空间功能划分有所不同，主要由餐饮区、厨房区、卫生设施、衣帽间、门厅或者休息前厅构成。漆艺饰品在餐饮空间中的运用，其主要目的是营造文化氛围，所以在中式餐厅中漆艺饰品运用广泛。餐饮空间中漆艺饰品以大件饰品见多，如：漆艺壁画、漆艺家具等。漆艺壁画一般陈设于餐饮区的大厅空间或包间，门厅、休息前厅，装饰效果强，也易于悬挂，易于擦洗；漆艺家具可用于餐桌椅、空间隔断、休息前厅、收银前台或装置摆件等。北京吴裕泰内府菜酒店由刘宁设计，室内陈设大量运用了漆艺饰品，两边墙壁黑色彩绘漆画图案均为文房用品，再现了吴家重学、好学的儒商传统，以黑色为主调。包厢用漆艺花格屏风装饰，店内有两张漆绘五代仕女和文官画像的官椅，画像造型来源于韩熙载夜宴图。北京四季素食是在吴裕泰内府菜酒店原址上改造重建的，其室内陈设沿用了吴裕泰内府菜酒店的大部分漆艺饰品（如图 7-13 ~ 图 7-28）。

图 7-14 成都宽座火锅店

图 7-13 成都小龙坎火锅店

图 7-15 紫园餐厅玄关

Note：

图 7-16 紫园餐厅收银台

图 7-17 紫园餐厅漆艺摆件

图 7-18 餐厅中厅漆艺摆件

图 7-19 上海许爷剁椒鱼头餐厅

图 7-20 北京吴裕泰内府菜

Note :

图 7-21 北京吴裕泰内府菜

图 7-22 北京吴裕泰内府菜

图 7-23 北京花开素食

图 7-24 北京花开素食

图 7-25 北京花开素食

Note：

图 7-26 北京花开素食水吧

图 7-27 北京花开素食

图 7-28 北京花开素食

7.3 酒店空间漆艺饰品陈设

酒店空间的风格划分与家居空间、餐饮空间也相类似，但功能划分不同，分为公用空间，包括大堂、总服务台、接待厅、餐厅、休息厅、大堂吧、中庭、会议室、娱乐空间、美容美发、健身室；私用空间主要为客房，及各类服务用房；过渡空间包括走廊、电（楼）梯厅、庭院等。漆艺饰品与在餐饮空间中的运用一样，其主要目的是营造文化氛围，漆艺壁画多用于公共空间及过渡空间。漆艺壁画装饰效果强烈，能营造浓郁文化氛围。大堂墙饰是漆画主要的陈设空间，总服务台背后墙面是大堂陈设的重点，是整个大堂空间的功能及视觉中心，漆艺壁画应合乎空间的文化、色调、体量。电梯厅是人流量大、停留时间较多的空间，是陈设的另一重点。电梯厅端头或对面可陈设合乎酒店文化的漆壁画、漆立体、漆壁饰，通过文化解读缓解人们等待的焦虑与无趣。电梯厅较小，一般是近距离观赏，故漆艺饰品应选择工艺精致的产品。客房、总服务台、餐厅、休息厅、大堂吧、接待厅、会议室等可陈设漆艺家具及漆立体饰品。其他漆艺饰品可在三类空间中根据需求灵活应用（如图 7-29 ~ 图 7-38）。

图 7-29 大理梦蝶庄酒店

Note :

图 7-30 大理梦蝶庄酒店电视机柜

图 7-31 大理梦蝶庄酒店客房办公桌

图 7-32 翔鹭国际大酒店漆画

图 7-34 四川森航大堂漆画局部

图 7-35 四川森航大堂漆画

图 7-33 翔鹭国际大酒店漆画

图 7-36 福州左海大酒店

图 7-37 广州华夏大酒店立柱

7.4 卖场空间漆艺饰品陈设

卖场陈列设计目的之一是传播品牌文化，需结合时尚的、文化的元素及产品定位，通过道具结合推陈出新的展示技巧，来突出商品魅力、提升商品价值。

由于卖场空间设计有极强的艺术性、文化性需求，而漆艺饰品又自带中式的文化艺术气质，所以一般有中式元素的卖场，就会有漆艺饰品存在的可能。这些卖场空间有：中式的家具卖场、服饰卖场、床上用品卖场、灯具卖场、布艺窗帘卖场、茶空间卖场、中医药养身空间卖场等。此外，中国漆器曾流行于欧洲路易十五时期。推动洛可可风格形成的蓬巴杜夫人酷爱中国和日本花鸟漆器，曾大量订购用于装饰她的居室。蓬巴杜夫人的审美趣味影响了欧洲贵族的艺术风尚，欧洲历史上遗存了大量具欧式风情的漆艺饰品。由此可知，漆艺饰品用于法式、英式等空间中已不存在任何问题。现代漆艺饰品趋于简约，在整体造型、装饰纹样、色彩等方面都融入了当代审美趣味，因此，与现代的简欧风、轻奢风、北欧风等空间也能完美搭配（如图 7-39 ~ 图 7-52）。

图 7-38 成都仁和春天大酒店漆画

Note：

图 7-39 东情西韵屏风

图 7-40 东情西韵屏风橱窗展示

图 7-41 橱窗展示

图 7-42 宝罗莉卡橱窗展示

图 7-43 上海钲艺廊陈设品卖场漆艺

图 7-44 上海醍醐 · 喜马拉雅生活 · 艺术

图 7-45 北京 798 服饰卖场

图 7-46 北京 798 服饰卖场

图 7-48 展会空间

图 7-47 北京百盛商场

图 7-49 陈设产品卖场空间

Note：

图 7-50 梦洁卖场

Note：

图 7-51 指间沙服饰卖场

图 7-52 柳岸花服饰卖场

Note：

7.5 公共空间漆艺饰品陈设

公共空间强调场所精神的营造，而公共空间中的陈设品能提升整体空间美感，增强空间文化、艺术感，平衡自然空间与人的关系，满足人们对环境美、文化认同等深层次的欣赏需求，营造良好的场所精神。在公共空间中陈设的漆艺饰品要注意以下四点：

① 漆艺饰品应体现公共空间的内在文化。公共空间具本土性，重视地域文化、传统文化的传播。漆艺饰品的设计，应结合地域特色文化，从造型、色彩、材质运用等角度进行设计，起到塑造场所精神、传播地域文化的目的。

② 漆艺饰品应与公共空间环境保持和谐。公共空间中漆艺饰品的设计，应从造型、色彩、纹样等角度取得与空间环境的相协调，与其他公共设施一起打造一个地域性精神场所。

③ 漆艺饰品应具创新性。漆艺饰品的设计，应结合空间环境的文化、理念，表现其独特的艺术魅力。创新不但包括造型、色彩、纹样、肌理等，还包括陈设技巧。一件令人耳目一新的漆艺饰品及其特立独行的展示手法，总能吸引人们的视线，达到互动交流、传达空间文化的目的。

④ 漆艺饰品布局可依据形式美的法则。依据节奏韵律、对称与平衡、对比与调和、层次与重点等形式美的法则来布局漆艺饰品。

以上四点相辅相成，共同完成漆艺饰品在公共空间中的陈设，得以实现人们对公共空间场所精神层面从视觉到心理的多层次体验。本书所指公共空间包括：室外的街道、广场、居住区户外场地、公园、体育场地等；室内的公共图书馆、博物馆、机场、车站等场所（如图 7-53 ~ 图 7-56）。

图 7-53 湖南省博物馆漆饰品

图 7-54 湖南省博物馆大厅漆壁画

图 7-55 北京 798 画廊

图 7-56 上海工艺美术馆漆屏风

7.6 漆艺饰品空间陈设方案赏析

漆艺饰品空间陈设案例见图 7-57~ 图 7-72。

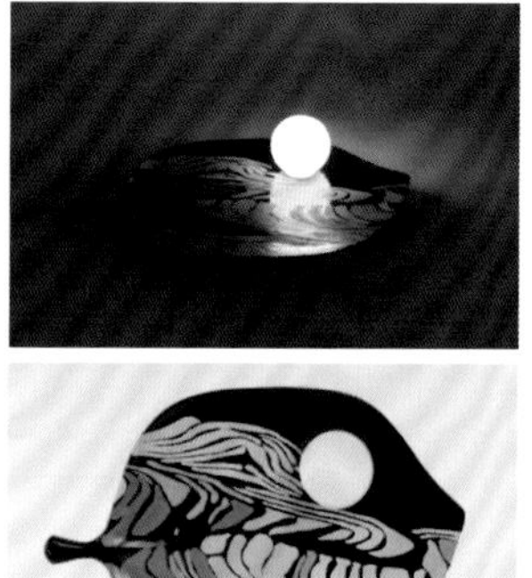

图 7-57 漆艺产品及空间陈设方案 曾媚作品

图 7-58 新中式空间漆艺饰品陈设方案 邹杰慧作品（邓莉文指导）

Note：

图 7-59 新中式空间漆艺饰品陈设方案 李可作品

图 7-60 新中式酒店漆艺饰品陈设方案 郑颖琼作品

图 7-61 新中式酒店漆艺饰品陈设方案 郑颖琼作品

图 7-62 新中式酒店漆艺饰品陈设方案 周小童作品

图 7-63 新中式酒店漆艺饰品陈设方案 滕月作品

图 7-64 轻奢风漆艺饰品陈设方案 罗丹作品

图 7-65 轻奢风酒店漆艺饰品陈设方案 作品

图 7-66 餐厅漆艺陈设方案 丁子睿作品

Note :

图 7-67 现代风室内漆艺陈设方案 丁子睿作品

图 7-68 现代混搭风漆艺饰品陈设方案 何欣洋作品

图 7-69 混搭风漆艺饰品陈设方案 杨文博作品

图 7-70 混搭风漆艺饰品陈设方案 罗丹作品

图 7-71 混搭风漆艺饰品陈设方案 曹鸣作品

图 7-72 现代风餐厅漆艺饰品陈设方案 陈曼玉作品

参考文献

[1] 王世襄 . 髹饰录解说 [M] 北京：文物出版社，1983.

[2] 聂菲 . 中国古代漆器鉴赏 [M] 成都：四川大学出版社，2002.

[3] 沈福文 . 中国漆艺美术史 [M] 北京：人民美术出版社，1992.

[4] 尹文 . 漆水寻梦 [M] 太原：书海出版社，2004.

[5] 洪石 . 战国秦汉漆器研究 [M] 北京：文物出版社，2006.

[6] 乔十光 . 漆画技法与艺术表现 [M] 长沙：湖南美术出版社，1996.

[7] 乔十光 . 漆艺 [M] 杭州：中国美术学院出版社，2000.

[8] 祝重华 . 漆与艺术 [M] 沈阳：辽宁美术学院出版社，2008.

[9] 汪天亮 . 漆艺 脱胎 [M] 厦门：福建美术学院出版社，2008.

[10] 翁纪军、蔡文 . 漆艺 [M] 北京：中国轻工业出版社，2014.

[11] 十时启悦、工藤茂喜、西川荣明 . 漆器髹涂装饰修缮 [M] 北京：化学工业出版社，2018.

[12] 耿耀宗 . 现代木器家具漆生产技术与实用配方 [M] 北京：中国轻工业出版社，2007.

[13] 封凤芝、封杰南、梁火寿 . 木材涂料与涂装技术 [M] 北京：化学工业出版社，2018.

[14] 谢震 . 百工录 - 漆艺髹饰 [M] 南京：江苏美术出版社 2014.

[15] 复生春淘宝网站 [OL]. https://www.taobao.com/

[16] 项军师徒作品展 ——“奇思妙想”，上海，2018 年 12 月 .

[17] 翁纪军漆艺作品展 ——“海派漆艺中的城市色彩”，上海，2018 年 12 月 .

QI YI SHI PIN

后记

漆器是我国器物文化历史长河中灿烂的瑰宝之一。漆器的发展史，一定程度上折射了从远古到今日我国政治、经济、文化、艺术、技术、生活方式等的发展状态。因此，漆器艺术研究对探讨传统文化传承与发展具有重要意义。

现在漆器的实用功能性渐已淡去，它主要以漆艺饰品形式出现在我们的生活中。虽然现代漆艺饰品生产的工具材料、审美形态、应用形式已多不同于古代，但漆艺技术的发展是动态的、日积月累式的。在当代生态立场下，传统漆器艺术的理念、审美、技艺仍在现代漆器艺术的设计、生产中得到传承与发展。由此，本书在当代生态立场下，把现代元素融入传统漆艺，对传承传统漆艺有着深远意义。

我接触漆艺，得益于父亲邓立衍先生。20 世纪 80 年代末，湖南省美术家协会曾举办漆画创作班，组织各地区基层美术家进行漆画的学习及创作。在文化馆从事美术工作的父亲因为兴趣也跟随创作了一批漆画，激发了本人对漆画的初步认知，感谢慈父对我艺术人生的启蒙与指引！

2000 年，本人在中央美术学院壁画系研修硕士课程，其中就有一门漆艺课，漆艺语言的神秘与多变性，更激发了我对漆艺的浓烈兴趣。故又于 2004 年在清华大学美术学院师从程向君老师学习漆艺。感谢程老师对我学习期间的严格要求、大力支持和精心指导。在央美研学期间，曾得到祝重华老师、白小华老师的许多帮助，也有幸得到当时刚从日本回国的周剑石老师的指导。课程修毕时，系部组织同一年进修的同学们，拜访了乔十光先生，乔老师谆谆嘱咐后辈新人应发扬传统文化。回高校后，开设漆艺课程至今，不敢忘却恩师们的教诲。

《漆艺饰品设计与生产》从基础漆艺技术应用层面，全面系统地介绍了漆艺饰品制作与生产常用材料、常用工具、常用技法；从科学发展观的视角诠释了漆艺饰品设计理念与方法；从实际应用层面对漆艺饰品制作与生产步骤、对室内空间中漆艺饰品应用设计予以了深入浅出的案例解说。

本书的撰写，程向君老师提供了珍贵资料，何杨老师、何小波老师以及厦门天辰漆艺工作室提供了漆艺工程案例。此外，郝彦菲老师参与了大量图片的整理工作，我的研究生黄洁参与了部分文字整理工作，研究生滕月、周小童、邹杰慧、罗丹、曹鸣、何欣洋、廖蕾霜、郑颖琼、李可、杨文博、陈曼玉、丁子睿提供了部分作品，以及参与部分图片的整理，2015 级配饰产品班同学积极配合提供大量教学过程图片。由衷感谢各位的付出！此外，本书在书写过程中参考了大量文献，在此对这些作者表示特别感谢。

由于科学技术、社会生活、审美方式等的飞速发展变化，加之本人学识水平、获取的信息量有限，书中难免有纰漏之处，恳请各位的批评指正！以便在下一次修订中逐步完善！

邓莉文

2019 年 2 月 19 日